KB199854

친절한
과학사

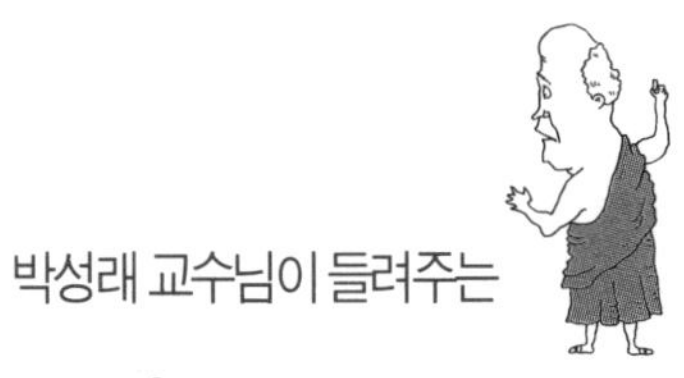

박성래 교수님이 들려주는

친절한 과학사

박성래 지음

문예춘추

머리말

최근 몇 백 년의 인류역사는 실로 놀라운 속도로 발전했고, 그 가장 큰 원인은 과학과 기술의 무서운 발전에 있다. 그러기에 오늘의 세상을 이해하기 위해서는 과학기술의 역사를 알아두지 않으면 안 된다. 이 책은 그런 과학과 기술의 발전 과정을 쉽게 정리해 소개하고, 그 발전을 주도해 온 과학자와 기술자들에 주목하면서 엮어 본 과학사(科學史)이고 기술사(技術史)다. 중학생 정도면 누구나 쉽게 읽을 수 있게 꾸며 보았다.

여기 등장하는 많은 인물들은 과학기술의 발달에서 중요한 역할을 하고, 또 성공했기 때문에 역사에 그 이름을 남겼다. 하지만 이런 성공의 이야기를 읽으면서 우리가 항상 잊지 말아야 할 사실은 이들의 성공 뒤에는 훨씬 더 많은 "실패한" 사람들의 노력도 있었다는 점이다. 이들 실패의 이야기는 역사의 뒤안길에 감춰져 오늘 우리들에게는 잘 보이지 않지만, 사실은 그들의 실패 때문에 성공한 과학자와 기술자들이 더 빛을 낸다고도 할 수 있다. 과학기술사를 보면 시대와 장소에 따라 많은 사람들이 한 가지 문제를 가지고 서로 경쟁하며 연구했고, 그 결과 더 성공적인 사람만이 역사에 이름을 남긴 것을 알 수 있다. 하지만 많은 경우 성공자와 실패자 사이에는 그리 큰 차이가 있지도 않다. 독자들이 그런 측면도 생각하며 이 책을 읽어주었으면 좋겠다.

나는 역사란 사람들의 이야기이며, 더 많은 사람들의 생생한 이야기가 섞여질 때 더 깊이 있는 역사와 인간의 이해가 가능하다고 생각한다. 과학과 기술 발달의 내용만이 아니라 그 주인공 노릇을 했던 수많은 과학기술자들의 숨은 이야기를 덧붙여서 독자들의 흥미를 불러일으키려고 나는 노력했다.

또 이 책은 더 많은 지면을 서양 과학의 발달 과정을 소개하는 데 썼지만, 동양의 과학사에 대해서도 알맞게 주목해 보았다. 여러 가지 이유로 과학은 서양에서 17세기를 전후해 갑자기 크게 발달해 오늘에 이르고 있다. 하지만 그 전에는 과학에서도 동양이 서양을 앞서는 듯한 정도로 발달한 시대도 없지 않았다. 또 18세기 이후 서양 과학이 동양사회에 퍼지면서 그에 자극받아 동양 사회가 근대과학을 받아들이는 과정에서는 나라마다 서로 다른 특징을 보여주기도 했다. 그리고 그런 나라마다의 차이가 나라들 사이의 근대화 수준을 다르게 만들어주기도 했다.

이런 서로 다른 모습을 몇 가지 예를 들어 소개함으로써 나는 독자들이 우리가 왜 일본에 뒤질 수밖에 없었던가를 이해하는 데 도움이 되도록 노력했다. 우리는 흔히 우리 조상들, 특히 19세기 후반의 지도자들이 잘못하여 나라를 망친 것으로 단순히 생각하는 수가 많다. 하지만 과학기술이 서양에서 동양으로 전파되는 과정에서 우리가 일본 보다 늦었던 것을 꼭 우리 조상들의 잘못이라고 몰아붙일 수는 없다. 서양 사람들은 우선 중국과 일본에 자기들의 과학과 종교를 전하려 노력했지, 더 멀리 떨어진 나라 조선에는 관심을 갖지 않았었기 때문이다.

역사와 과학 교육은 함께 하는 것이 좋다고 나는 생각한다. 과학기술은 현대 생활을 이해하는 데 대단히 중요한 요소지만, 그것을 이론의 이해를 통해 익히기란 여간 어려운 일이 아니다. 과학기술의 발달이 너무나 전문화되어 벌어지기 때문에 그 전체 모습을 파악할 수 없기 때문이다. 그 방편의 하나로 나는 과학사가 좋다고 믿어왔다. 과학사는 과학의 내용을 쉽게 이해하는 데에도 유용할 뿐만 아니라, 역사적 맥락 속에서 과학기술의 위치를 잡아 주어 더 깊이 있는 이해를 가능하게 해 주기 때문이다.

2006년 추석에

박성래 씀

재미있는 과학 여행을 떠나자!

01_만물의 근원은 무엇인가

만물의 근원은 물

이 세상에 제일 많은 것은 무엇일까? 바닷가에 사는 사람이라면 아마 물이라고 대답할 것이다. 그러나 들판에 사는 사람이라면 흙이 제일 많다고 생각할지도 모르고 숲 속에 사는 사람은 숫제 나무가 가장 많지 않느냐고 우길지도 모른다.

다 맞는 말이다. 세상에는 물도 많고 공기도 많고, 또 흙도 많다. 그렇다고 이런 것들이 모두 제각각 아무 상관도 없이 있는 것인지, 아니면 이런 것들 사이에 또 어떤 관계가 있는 것인지 궁금한 일이 아닐 수 없다.

그래서 아주 옛날부터 사람들은 이들 물질 가운데 정말 무엇이 바탕이 되는 물질일까 하고 궁금해 했다. 옛사람들이 기초되는 물질이라 생각한 것을 '원소(元素)'라고 부른다.

탈레스는 이 세상 모든 것은 물에서 시작됐다고 주장했다. 모두가 물로 되어 있고 물만이 진정한 원소라는 것이었다.

물은 끓이면 기체가 되어 날아간다. 말하자면 물이 공기로 바뀌는 것으로 생각되었다. 어디 그뿐인가. 물은 얼어서 얼음이 되기도 하며 물을 오래 놓아두면 흙 같은 찌꺼기도 그 속에 생겨나고 나중에는 장구벌레인지 뭔지 작은 벌레조차 생기는 수가 있다.

또 물 없이 살 수 있는 생명체가 어디 하나라도 있으면 말해 보라. 사람은 물론 모든 동물도 물 없이는 오래 견딜 수가 없고, 나무와 풀도 마찬가지다.

탈레스에게는 세상에 물보다 귀한 것은 없었고 그것이야말로 모두를 만들어 주고 살려 주는 바탕이 되는 물질 즉, 원소라고 믿게 되었다.

기원전 600년쯤 전에 살았던 탈레스는 천문학을 연구한다며 하늘만 보고 걷다가 웅덩이에 빠져 웃음거리가 됐다는 바로 그 사람이다. 일식을 처음 예보한 것으로도 알려진 그는 보통 '자연철학의 아버지'라고도 불린다. 과학을 시작한 사람이란 뜻이다.

'만물의 근원은 물'이라고 말한 것이 왜 과학을 시작하는 일이 될까? 이 세상에는 물 말고라도 불 · 공기 · 흙이 있으며 얼마든지 많은 생물과 무생물이 있다. 이처럼 많은 것들 사이에 아무 상관이 없다고 본다면 그것은 과학하는 태도일 수가 없다.

탈레스는 이런 모든 것들은 제멋대로 따로 따로 있는 것이 아니라 한 가지 물질로부터 바꾸어 생겨난 것이라고 생각한 것이다. 복잡한 현상을 간

과학자이야기

탈레스

[Thales, BC 624~BC 546] BC 6세기에 활동한 그리스의 철학자. 물이 모든 물질의 본질이라는 데 기초한 우주론과 많은 연구자들이 BC 585년 5월에 일어난 것으로 추정하는 일식을 예언한 것으로 유명하다. 신화의 세계와 이성의 세계 사이에 다리를 놓은 중요한 인물이다.

단한 과정으로 설명하려는 태도—이것이 곧 과학의 시작이었던 것이다.

물 · 불 · 공기 · 흙의 4원소설

탈레스의 말이 그대로 진리이고 옳다는 뜻은 아니다. 그의 주장은 바로 그의 제자에 의해 배척되었다. 탈레스의 제자인 아낙시만드로스는 근본 원소는 물이 아니라고 주장하고 나선 것이다.

그는 물 · 불 · 흙 어느 것도 만들어 주는 보다 근본이 되는 물질이 있

을 것이라 생각하고 그것을 '아페이론(apeiron)'이라고 불렀다. '아페이론'이 경우에 따라 물이 되기도 하고 공기도 된다는 주장이었다.

그러나 아낙시만드로스의 제자인 아낙시메네스는 다시 이런 생각을 뒤엎고 공기야말로 진짜 원소라고 내세웠다. 공기가 뭉쳐지면 물이 되고, 그것이 흩어지면 불이 되고, 또 공기는 더욱 뭉쳐져서 흙이 되고 돌이 된다고도 생각했다. 그리고 사람의 정신도 공기와 같은 것이라고 주장했다.

이렇게 탈레스는 물을 근본적 원소라 주장했고, 그 제자인 아낙시만드로스는 물보다 더 근본적인 원소가 따로 있다고 주장하여 그 스승을 앞서려 했다. 그러나 다시 또 그의 제자이던 아낙시메네스는 공기가 기본적 원소라고 주장함으로써 스승을 배척한 셈이다.

이들은 차례로 앞의 주장을 거부하고 새 주장을 내세웠지만 서로 한 가지 원소에서 이 세상 모두가 만들어져 나왔다고 내세웠다. 그러나 꼭 하나에서 모두가 나왔다고 고집할 필요가 있을까? 어쩌면 세상 만물은 둘 또는 셋이나 네 가지 원소에서 만들어질 수도 있지 않을까?

실제로 그리스의 또 다른 과학자 제노파네스는 물과 흙 두 가지 원소가 세상을 만들어 준다고 말했다. 또 어떤 학자는 불이야말로 세상의 근본 원소라고 말했다. 어쩌면 세상은 세 가지 원소에서 만들어졌다고 주장할 사람도 있을지 모른다. 그런 기록은 눈에 보이지 않지만…….

이런 여러 가지 생각을 종합하여 4원소설(四元素說)을 만들어 낸 사람이 엠페도클레스란 의사였다. 지금은 이탈리아의 한 부분인 시칠리아 남쪽 사람이었던 그는 불 · 물 · 공기 · 흙의 네 원소가 세상을 만들어 준다고 말했다.

엠페도클레스

[Empedocles, BC 490~BC 430] 고대 그리스의 철학자. 만물의 근본은 흙·공기·물·불로 구성되었다고 말했다. 이 불생불멸불변(不生不滅不變)의 4원소가 사랑과 투쟁의 힘에 의해 결합·분리되고 만물이 생멸한다. 자신을 신격화하기 위해 에트나화구(火口)에 투신하였다는 유명한 전설이 있다.

이들 네 원소가 '사랑'과 '미움'에 따라 모이고 흩어져 만물이 만들어지고 또 부서진다는 것이었다.

4원소설을 내놓은 엠페도클레스는 이상한 전설 속에 살아 있는 인물이기도 하다. 스스로 신이라고 주장했다는 그는 바람을 마음대로 부를 수 있었고, 한 달 동안이나 죽어있던 여인을 되살려 냈다는 전설도 있다. 또 그는 자기가 신이라는 것을 보여주기라도 하려는 듯 그 당시 훨훨 타오르고 있던 에트나 화산에 몸을 던졌다고도 전해진다. 신은 죽지 않는다니까 그는 불구덩이 속에서도 죽지 않음을 보여주려 했던 모양이다.

이렇게 태어난 4원소이론은 그후 서양 사람들에게 널리 인정되었다. 그리스의 위대한 철학자로 손꼽히는 플라톤이나 아리스토텔레스가 모두 4원소설을 믿었다. 특히 아리스토텔레스(기원전 384~322년)는 4원소설을 믿고 또 이들 네 가지 원소는 그 무게에 따라 제자리가 서로 다른 것이라고 생각했다. 당시 사람들은 지구가 우주의 중심에 있다고 믿었는데 그는 가장 무거운 흙이 우주의 중심에 자리 잡고 그 둘레에 물이 덮여 있으며 다시 그 둘레를 공기가 싸고 있으며, 불은 제일 바깥에 붙어 있다는 것이었다.

그렇기 때문에 공기 중의 돌덩이는 제자리인 아래로 떨어지게 마련이며, 공기 중에서 성냥불을 켜면 그 불꽃은 제자리인 하늘을 향해 올라가려고 한다는 것이다. 또 달과 그 밖의 하늘에는 지구에 있는 네 원소와는 다른 또 한 가지의 원소가 있어 천체를 만들어 줄 것이라고 아리스토텔레스는 말했다. 그것을 그는 다섯 번째의 원소(제5원소)라고 불렀다.

이렇게 발달한 4원소설은 그 뒤 2천년 동안 서양 사람들의 믿음을 얻은 이론이 되었다. 요즘과 같은 산소 · 수소 · 질소 따위의 새로운 원소이론이 나올 때까지 4원소설은 서양 사람들의 세상을 보는 눈을 결정지었던 것이다.

02_ 이 세상은 어떤 모양일까

지구에 대한 옛사람들의 생각

이 세상은 어떤 모양으로 생긴 것일까? 옛사람들에게 땅이 둥글다는 것은 상상하기 어려운 일이었다. 하물며 둥근 지구가 하루 한 번씩 자전해서 낮과 밤이 생긴다는 말은 정말 말도 안 되는 소리에 지나지 않았다. 하늘은 둥그스름하지만 땅은 당연히 평평해야 한다고 그들은 믿고 있었다.

옛사람들은 모두가 그렇게 생각했다. 고대 이집트 사람도 고대의 바빌로니아 사람도 그리고 중국이나 우리나라의 옛사람도 마찬가지였다. 하늘은 둥그스레하게 생겨 거기에 별이 달려 있고 그것이 하루 한 번씩 땅 위를 빙글 돌고 있다는 것이었다. 하지만 땅이야 아무리 보아도 둥글다고는 생각하기 어려웠다.

이집트 사람들의 생각은 파리미드 속에 남겨져 있는 벽화를 보면 짐작이 간다. 그 그림에 의하면 하늘에는 하늘을 덮고 있는 여신이 있는데 여신의 몸뚱이에 별들이 달려 있는 것으로 되어 있다. 하늘이 여자 신으로 그려져 있는 것과는 대조적으로 땅은 남자 신으로 그려져 있다.

지금까지 우리 동양에서는 '하늘같은 남편'이니 뭐니 하면서 남자를 위로 떠받드는 버릇이 남아 있다. 이에 비하면 이집트 사람들은 남자 위에 여자를 떠받들었던 셈이랄까?

잘 보면 이 벽화에는 또 태양신이 배를 타고 하늘 위를 옮겨가고 있음을 알 수 있다. 그들은 태양의 신은 저녁에 죽어서 땅 속을 지나서 새벽이면 다시 살아나서 동쪽에 떠오른다고 생각했다.

그 당시 이집트 사람들은 임금을 태양이라고 여겼다. 따라서 임금도 죽었다가는 다시 살아온다고 생각했고, 그래서 거창한 피라미드를 지어 다시 부활할 임금을 모셨던 것이다.

한편 바빌로니아의 옛사람들에 의하면 하늘은 종 모양으로 되어 있어 땅 위에 떠 있는데 이것이 하루 한 번씩 회전한다는 것이었다. 종의 안쪽에는 별들이 달려 있고 또 창문 같은 것이 달려 있다. 그리고 우주의 밖은 온통 물로 차 있어서 이 창문이 열리면 땅에 물이 흘러내린다. 곧 비가 내리는 것을 이렇게 설명한 셈이었다.

동양 사람도 마찬가지였다. 옛날 중국인들은 하늘을 양산과 같은 모양이라 말했다. 양산의 안쪽에 별들이 붙어 있고 하루 한 번씩 양산은 빙빙 돌고 있다. 양산 자루 꼭대기 쪽에 북극성이 있어서 양산이 아무리 돌아가도 북극성은 거의 제자리에 있는 것으로 보았다.

동양에서는 하늘은 둥글고, 땅은 평평하다는 말을 '천원지방(天圓地方)'이라 표현했고 이 말이 오랫동안 전해져 왔다.

그렇지만 이런 생각이 오래 계속되기는 어려운 일이었다. 사람들의 머리가 깨이면서 점차 이런 의견에 의심을 품게 되었기 때문이다. 땅이 평

평하다면 우선 땅 밑에는 무엇이 있느냐고 사람들은 따지기 시작했다.

평평한 땅덩이가 그야말로 널빤지처럼 넓고 두꺼운 평면이라면 그것을 받쳐 주는 것은 무엇일까? 고대 인디아 사람들은 그것을 큰 코끼리가 받쳐 주고 있다고 생각해 보았다. 그렇지만 정말로 그렇게 크고 힘센 코끼리가 있다고 치더라도 그 코끼리는 또 무엇이 떠받쳐 줄 수 있단 말인가? 그 코끼리도 또 다른 널빤지 위에 서 있어야 하지 않을까? 그렇다면 그 널빤지는 또 무엇이 받쳐 줄 것인지 …… 의문은 끝이 없다.

또 둥근 하늘과 평평한 땅덩이가 수평선 또는 지평선에서 서로 만나는 것인지, 아니면 어떤 다른 모양을 하고 있는지도 의문이다.

움직이는 하늘과 움직이지 않는 평평한 땅이 서로 만난다면 이상한 일이 아닐까? 그렇다고 둥근 뚜껑이 널빤지 위에 덮여 있는데 이들 둘이 서로 만나지 않는다면 어떤 모양으로 이를 설명할 수 있단 말인가?

지구가 둥글다는 새로운 발견

설명하기 곤란한 이 문제를 해결하는 제일 간단한 방법은 땅도 둥글다고 생각을 바꾸는 일이었다. 땅덩이는 평평하게 보이지만 아주 큰 공같이 둥글다고 생각하고 그것이 우주의 한가운데에 고정돼 있으며 그 둘레를 별이 매달린 하늘이 돌고 있다면 만사가 해결될 것 같았다.

또 기원전 6~7세기쯤에는 실제로 땅이 둥글다는 증거도 발견되기 시작했다. 특히 탈레스처럼 여행을 많이 다닌 과학자들은 하늘에 보이는 별이 같은 때라도 남쪽과 북쪽 지방에서 서로 틀리다는 사실을 알게 되었다. 만약 땅이 평평하다면 남 · 북에서 서로 다른 별이 보일 수는 없을 것이었다.

이래저래 서양 사람들은 약 2천5백년쯤 전부터는 땅도 둥글다고 결론을 내리게 되었다. 그 후 우리는 땅을 지구(地球), 즉 둥근 땅덩이라고 부른다.

그런데 지구도 한 개이고 구 둘레를 도는 하늘도 하나뿐이라면 또 이상한 일이 있다. 모든 별은 그 하늘에 붙어서 지구 둘레를 하루 한 번씩 돌아야 한다는데 그렇다면 왜 달은 다른 별들과는 다른 속도로 도는가?

또 수성 · 금성 · 화성 · 목성 · 토성은 왜 서로 다른 속도로 움직이는가? 만약에 별이 하늘에 붙어 있지 않다면 그 별은 천체 중심인 지구 위로 떨어져 버릴 것이 아닌가? 하늘에 매달리지도 않은 별들이 제각각 하늘 위에 둥둥 떠다닐 수는 없는 일이라고 옛사람들은 생각했다.

결국 달에는 달을 떠받쳐 주는 하늘이 하나 따로 있고, 수성 · 금성 등에는 각각 하늘이 하나씩 딸려 있다. 그래야만 달이나 별은 지구로 떨어지지 않고 하늘을 빙빙 돌 수 있을 것이다.

그러나 이런 하늘이 우리 눈에 보이지는 않는다. 그것은 유리나 수정보다 더 투명한 물질로 돼 있을 것이어서 하늘에는 아홉 겹의 하늘이 겹겹이 싸여 있지만 우리 눈에는 그저 별과 달이 보일 뿐이다. 그리스시대 이래 중세까지 서양의 지식인들은 모두 이렇게 생각했다.

하늘이 하루 한 번씩 돌아 낮과 밤이 생기는 것이 아니라, 지구가 자전한다는 생각도 없지 않았다. 기원전 6세기에 이미 헤라클리데스라는 그리스 학자는 지구의 자전을 주장했고, 그 뒤 아리스탈코스는 지구의 자전과 공전을 주장했다.

그러나 당시의 지식인들에게는 그건 말도 안 되는 엉터리 소리에 지나지 않았다. 흙과 돌 그리고 물이 얼마나 무거운지는 우리 모두가 아는 일이다. 이렇게 무거운 것이 모여 크게 뭉쳐진 것이 지구인데 그 무게를 가지고 지구가 자전한단 말인가. 하늘의 모든 것은 무게 없는 물질로 만들어져 있으니까 괜찮지만 지구가 자전 · 공전할 수는 없는 일이었다.

또 자전한다면 머리 위로 던진 돌은 다시 머리에 떨어지지 않고 지구의 운동에 따라 옆쪽으로 비켜 떨어져야 옳을 것이 아닌가. 또 새가 날 때에도 지구가 운동하는 방향으로는 날기가 어렵겠지만, 반대 방향으로 날 때는 그냥 하늘에 떠 있기만 하면 지구가 저절로 움직여 줄 것이다.

당연히 옛사람들에게는 지구는 우주의 중심에 고정돼 있고, 그 둘레에 아홉 겹의 하늘이 양파 껍질 모양으로 겹겹이 싸여 있는 것이라는 굳은 믿음이 생기게 되었다.

03_ 숫자는 어떻게 생겨났나

고대의 숫자

자기 나이를 모르는 사람은 아무도 없다. 그러나 나이를 세상에 태어난 후 지금까지 살아 온 날들을 모두 셈하여 따지는 것이라면 아무도 자기 나이를 바로 댈 수는 없을 것이다.

예를 들어 지금 만 12살이 된 어린이라면 1년은 365일이니까 365×12를 계산하면 금방 4,380일이란 답을 얻을 수 있을 것이다. 또 이 어린이의 48살 된 아버지는 365×48을 계산하여 17,520일임을 알아낼 것이다.

요즘 우리 어린이들도 365×48쯤은 간단히 계산할 줄 안다. 그러나 이런 간단한 숫자 표시 방법이 세상에 퍼진 것은 아주 최근의 일이다.

옛날에는 이 정도의 간단한 계산도 오래 훈련받은 전문가 이외에는 쉽게 알아낼 수가 없었다.

고대 이집트에서는 아직 10진법마저도 우리가 지금 쓰는 정도로 발달하지 못하고 있었기 때문에 1, 2, 3, 4, 5…를 /, //, ///, ////, /////…로 나타냈다. 또 10, 20, 30 등은 다른 부호로 U, UU, UUU 등으로 나타냈고 100, 200, 300 등은 C, CC, CCC 등으로 표시했다. 이런 방식으로 우리가 금방 계산했던 365×48을 표시한다면 CCCUUUUUU/////×UUUU////////이 될 것이다. 이렇게 써놓은 계산을 어떻게 해낼 수 있을지 우리로서는 짐작조차 어렵다.

로마라면 지금부터 약 2천년 전에 서양을 지배하여 아시아와 아프리카에까지 걸친 큰 나라를 만든 것으로 유명하다. 그러나 그들의 계산 방법도 이집트의 그것보다 그리 나은 것은 못되었다.

지금도 가끔 시계의 문자판에 그 숫자가 사용되는데 12시를 XII라 표시하고 4시를 IV라고 써 놓은 것이 그것이다. 이 방법으로 365×48을

써 보자. CCCLXV(365)에다가 XLVIII(48)을 곱하면 되겠지만 역시 어떻게 계산할 수 있을지 짐작하기도 어렵다.

이렇게 복잡한 숫자를 쓰고 있었기 때문에 옛사람들은 특별한 사람 이외에는 계산을 할 줄 아는 사람이 없었다. 아마 지금 우리나라의 초등학교 5학년에서 수학 잘하는 어린이가 지금의 수학 실력을 그대로 가진 채 옛날로 되돌아갈 수 있다면 그 어린이는 당대의 최고 수학자라고 칭송받을 것이다.

피타고라스 시대부터 과학적으로 연구

수를 다루기가 이렇게 어려웠기 때문에 수는 더욱 신비스러운 것이라 여겨졌다.

그리스의 수학자이며 철학자인 피타고라스(기원전 582~497)는 '이 세상에서 가장 중요한 것은 수'라고 주장하고 세상 모든 것을 숫자로 나타낼 수 있다고 말했다. '홀수와 홀수를 보태면 반드시 짝수가 되지만 홀수에 짝수를 더하면 그 결과는 홀수이다' 등 이 밖의 여러 가지 홀수와 짝수에 관한 성질을 처음 밝혀낸 것이 피타고라스였다.

2600년쯤 전에 살았던 그는 세상 모두를 숫자로 나타낼 수 있다고 주장하여 남자는 3이고 여자는 2라고 주장했다. 남자와 여자가 결혼하는 것은

과학자 이야기

피타고라스

[Pythagoras, BC582~BC497] 그리스의 철학자 · 수학자. 피타고라스는 만물의 근원을 '수(數)'로 보았다. 그 수는 자연수를 말하는 것으로 이들 수와 기하학에서의 점과를 대응시켰다.

3과 2가 합쳐진 셈이니까 결혼은 5로 나타낼 수가 있다.

피타고라스는 아주 신비스런 생각도 많이 가지고 있었던 사람이었다. 그는 자기를 따르는 제자들과 함께 종교단체 같은 것을 만들어 함께 공부하고 생활했는데, 그들에게는 '콩을 먹지 말라'거나 '흰색 수탉을 만지지 말라'는 등의 이상한 규율이 있었고 피타고라스는 우주 속에서 행성이 각각 다른 소리를 내며 움직일 때 나는 '우주의 하모니(조화)'를 들을 수 있다고 주장했다. '피타고라스의 정리'도 물론 여기서 비롯된 것이다. 직각 삼각형의 경우 밑변의 제곱과 높이의 제곱을 합하면 그 값이 빗변의 제곱과 같다는 것을 말한다.

그보다 200년쯤 뒤에 활약한 플라톤은 그리스의 대표적 철학자이면서 수학을 아주 중요하다고 생각한 학자였다.

그는 특히 기하학을 좋아하여 그가 제자들을 가르치던 학교의 문 앞에는 '기하학을 모르는 사람은 들어오지 마시오!'라고 쓰여 있었다고 한다.

그러나 지금 중학교에서 배우는 기하학 정도를 완전히 밝혀 책으로 남겨 준 사람은 플라톤보다 다시 1세기 뒤에 활약한 유클리드(기원전 330~260)였다. 어느 청년이 '기하학은 배워서 어디에 쓸모가 있느냐'고 묻자 그는 하인을 시켜 그 청년에게 동전 몇 닢을 주어 보내라고 했다는 전설이 있다.

또 이집트의 임금이 그에게서 기하학을 배우다가 힘이 들자 좀 쉽게 배울 방법이 없겠느냐고 물었다. 이에 대한 그의 유명한 대답이 '기하학에는 왕도가 없다'는 말이었다.

과학은 수학을 잘 써야만 더욱 정확한 결과를 얻을 수 있기 마련이다. 자연 현상의 연구에 이런 수학적 방법을 제대로 이용하기 시작한 유명한 학자가 아르키메데스였다.

목욕탕에 들어갔다가 물이 넘쳐 나오는 것을 보고 순간적으로 부력의 원리를 발견하고 기뻐서 벌거벗은 채 뛰어나와 '알았다, 알았다'고 외치며 거리를 달려갔다는 바로 그 사람이다.

그 결과 그는 잘 만들어 온 금관이 정말 순금으로 만든 것인지 구리나 은을 섞어 만든 것인지를 밝혀낼 수 있었다. 그것이 가짜라면 무게를 같게 하기 위해 부피를 많게 할 수밖에 없었을 것이기 때문에 그것을 물에 담가 넘쳐 나오는 물의 양을 재면 되었던 것이다.

아르키메데스는 '지레의 원리'를 처음으로 알아낸 학자였고 로마 군대가 자기 나라를 침입하자 여러 가지 무기를 고안해내기도 했다.

그리스의 도시 국가 시라쿠사를 정복한 로마의 장군은 군사 몇을 보내 아르키메데스를 데려 오라고 지시했다. 그러나 그때 한참 무슨 그림을 그려놓고 기하학의 어떤 문제를 풀고 있던 아르키메데스는 군사들의 명령을 따르지 않고 그들에게 기다리라고 했다. 화가 난 로마 군사들은 이 건방진 수학자를 그 자리에서 찔러 죽였다고 역사는 전하고 있다.

그리고 그 후 아무도 과학 연구에 수학을 이용하지 않은 채 세월이 흘렀다. 자그마치 1천 5백년쯤이나.

과학자 이야기

아르키메데스

[Archimedes, BC 287~BC 212] 그리스의 수학자 · 물리학자. 구와 구에 외접하는 원기둥의 표면적과 부피의 관계, 아르키메데스의 원리, 아르키메데스의 스크루펌프 등으로 유명하다. BC 213년 로마인들에 의해 시라쿠사가 포위공격을 당했을 때 전쟁기계를 만들어 방어에 중요한 역할을 했다.

04_ 생물학과 의학의 시초

생물학의 시작

우리는 지금 살아 있는 것들을 동물과 식물 두 가지로 크게 나눈다. 물론 사람은 동물에 속하겠지만 동물을 말할 경우 대개 사람은 빼놓고 얘기하는 것이 보통이다.

원숭이나 고양이, 새나 물고기 같은 동물과 똑같이 인간을 취급한다는 것이 어딘가 좀 꺼림칙한 느낌이 들기 때문이다. 하지만 싫건 좋건 사람은 어쩔 수 없이 동물의 하나로 여겨질 수밖에 없는 것이다.

그런데 아주 옛날 인간이 처음으로 생명을 가진 것들, 즉 생물을 몇 가지로 나누어 보려 했을 때 그것을 인간, 동물, 식물 등 세 가지로 분류하는 것이 보통이었다.

생물학을 처음 시작한 학자로는 고대 그리스의 과학자이며 철학자로 유명한 아리스토텔레스를 꼽을 수 있다. 철학자 플라톤의 제자였고 알렉산더 대왕의 스승이었던 아리스토텔레스는 이 세상의 모든 생물에게는 생명의 혼이 들어 있다고 생각했다.

아리스토텔레스는 이 생명의 입김, 또는 생명의 혼을 세 가지로 나누고 인간, 동물, 식물에는 서로 다른 혼이 있다고 주장했다. 세 가지 혼 가운데 가장 단순한 것은 식물혼이다. 모든 식물에는 이 혼이 있는데 식물을 자라게만 해줄 뿐이다.

그러나 동물 속에 있는 동물혼은 더 고급이어서 동물을 자라게 해줄 뿐 아니라 움직일 수도 있게 해 준다.

사람들만이 갖고 있는 인간혼이란 더더욱 고급이다.

이 인간혼 덕택에 사람은 자라고, 운동하며, 또 생각까지 할 수 있는 것이다. 아리스토텔레스는 인간은 동물과 달리 생각을 할 수 있음을 크게 강조했던 것이다.

과학자이야기

플라톤

[Platon, BC 429~BC 347] 고대 그리스의 철학자. 형이상학의 수립자. 소크라테스만이 진정한 철학자라고 생각하였다. 영원불변의 개념인 이데아(idea)를 통해 존재의 근원을 밝히고자 했다.

아리스토텔레스

[Aristoteles, BC 384~BC 322] 고대 그리스의 철학자 · 과학자. 스승인 플라톤과 함께 그리스 최고의 사상가로 꼽히는 인물로 서양지성사의 방향과 내용에 매우 큰 영향을 끼쳤다. 그가 세운 철학과 과학의 체계는 중세 크리스트교 사상과 스콜라주의 사상을 뒷받침했다.

인간을 어찌 동물과 마찬가지라 할 수 있겠느냐고 옛사람들은 생각했다. 비슷한 뜻에서 옛날 중국의 순자(荀子)라는 학자는 역시 생물을 식물, 동물, 인간의 셋으로 나누었다. 그런데 순자는 사람이 동물과 다른 점은 사람만이 옳고 그른 것을 판단할 수 있기 때문이라고 주장했다. 동양과 서양이 똑같이 옛사람들은, 사람은 동물과는 다르다고 내세웠던 셈이다.

훗날 '동물학의 아버지'로 불릴 만큼 아리스토텔레스는 동물의 연구에 열심이었다. 그는 닭이 달걀을 여러 개 품어 부화시키게 하면서 그것을 매일 하나씩 깨뜨려 관찰하여 달걀에서 어떤 과정을 거쳐 병아리가 태어나는가를 밝혀냈다. 아리스토텔레스는 50가지의 동물을 해부해 보았고, 540가지의 동물을 12종류로 분류했다.

누구라도 짐작할 수 있는 것처럼 이런 연구는 재미가 있을지도 모르지만 직접적으로 무슨 도움이 되지는 않는다. 동물이나 식물이 우리들에게 어떤 점에서 도움이 될까 하고 생각하는 것이 훨씬 유용한 것이다.

그리스 이후 서양 사람들은 생물학의 연구에는 아무런 관심이 없는 채 인체에 도움이 되는 생물, 즉 사람의 병을 고치는 데 쓸 수 있는 약품으로서의 동물 · 식물에 대한 관심만을 가졌다.

이런 태도는 동양에서도 똑같았다. 사람의 몸에 좋다는 동물이나 식물에 대해서만 관심이 있었던 것이다. 다른 말로 한다면 생물학은 별로 관심을 끌지 못했고, 의학만이 존중되었다는 뜻이다.

사람은 왜 가끔 병에 걸려 고생하게 되는 것일까? 질병의 원인은 무엇이며 어떻게 우리는 질병과 싸워야 하겠는가?

아주 옛날 사람은 사람이 병에 걸리는 것은 귀신이나 마귀 같은 것이 몸속에 침입하기 때문이라고 굳게 믿었다. 이런 원시적 믿음은 바로 지금까지도 많은 사람들의 지지를 얻고 있다. 지금도 병에 걸리면 굿이나 푸닥거리를 하는 것은 바로 이런 원시적 믿음 때문이다.

히포크라테스의 '4체액설'

서양에서는 히포크라테스를 '의학의 아버지'라고 부른다. 그는 사람이 병에 걸리는 것은 무슨 귀신이 사람 몸속에 들어오기 때문이 아니라 자연적인 원인 때문이라고 설명했다.

동양에서는 편작을 '의학의 아버지'라고 여기는 셈인데 확실치 않지만 히포크라테스와 비슷한 시대에 살았던 중국의 의사였다. 편작은 사람의 병이 낫지 않는 이유로 6가지를 말한 일이 있는데, 그 하나는 사람들이 의사를 찾아가지 않고 무당을 찾기 때문이라는 것이다.

히포크라테스에 의하면 사람의 몸에는 4가지 액체가 흐르고 있다. 점액, 황담즙, 흑담즙, 혈액이 그것인데 이들 네 가지 체액이 서로 조화를 이루면 사람은 건강하지만 그렇지 않을 때에는 병에 걸린다.

이와 같은 히포크라테스의 4체액설은 먼 훗날까지 서양 사람들에게 깊은 영향을 주었다. 사람을 4가지 성격으로 나누고 피가 많아 보이는 사람의 성격을 다혈질이라고 부르는 것도 여기서 시작된 것

과학자 이야기

히포크라테스

[Hippocrates, BC 460~BC 377] 그리스의 의학자. 히포크라테스는 인체를 전체, 즉 하나의 유기체로 간주했다. 그의 의술은 인체의 부분들을 포괄적인 개념 속에서 이해하여 분할된 각 부분들이 전체적인 구조 안에서 파악되어야 함을 보여준 연구들의 결과였다. 아리스토텔레스는 〈정치학, Politics〉에서 히포크라테스를 키는 작지만 '위대한 의사'라고 언급했다.

갈렌

[Claudios Galenos, 129~199] 로마 시대의 의사 · 해부학자. 실험생리학을 확립했으며 고대의 가장 유명한 의사 가운데 한 사람이다. 중세와 르네상스 시대에 걸쳐 유럽의 의학 이론과 실제에 절대적인 영향을 끼쳤다.

이다.

그의 이름은 또 '히포크라테스의 선서'를 통해서도 오늘날까지 남아 있다. 의사란 다른 사람의 건강을 다루는 아주 중요한 직업이다. 이 선서는 오늘날까지도 여러 의과 대학에서 가르치고 있으며 모든 의사가 지켜야 할 가르침이 되어 있다.

이 선서에서 그는 의사에게 환자의 비밀을 절대로 지켜 줄 것, 그리고 환자의 치료에는 온갖 정성을 다할 것이며 알면서 환자에게 해로운 약을 주어서는 안 된다고 가르친다.

이상하게도 고대 의학에서는 인체를 해부하여 직접 인체의 구조를 연구하려는 열성이 별로 보이지 않았다. 히포크라테스 이후의 가장 유명한 의학자였던 갈렌은 원숭이를 비롯한 동물의 해부는 했지만 인체 해부는 전혀 해보지 않는 채 많은 의학 책을 남겼다. 그 덕택에 그는 중세를 통해 가장 이름을 날렸고, '의사 중의 왕자'라는 칭호까지 얻었지만 갈렌은 아직 피가 우리 몸속에 빙빙 돌고 있다는 것조차 모르고 있었다.

05_ 천문학의 발달을 가져온 점성술

국가 · 개인의 운명을 점치는 별자리

'별을 보고 점을 치는 페르시아 왕자……' 이런 노래가 있을 정도로 지금의 중동 지역 또는 아랍 사람들은 예로부터 점성술을 많이 따르고 있었던 것으로 알려져 있다. 하지만 별을 보고 인간의 운명을 미리 알아맞혀 보려던 생각은 아라비아 지방에서만 발달한 것은 아니었다. 우리들은 '별 하나 나 하나, 별 둘 나 둘……'이라며 별과 우리를 연관지어 생각하고 있지 않은가.

아주 먼 옛날 그야말로 호랑이 담배피던 시절부터 사람들은 별이 인간의 운명을 나타내 주고 있다고 생각했다. 특히 별의 운동이 이상할 경우 그것은 땅 위의 인간에게 나쁜 재앙을 불러 온다고 생각하는 경우가 많았다.

그래서 예로부터 어느 문명에서나 일식과 월식, 혜성이나 별똥별 등은 모두 나쁜 조짐, 즉 흉조라고 알려졌던 것이다. 그 유명한 핼리혜성이 나타났다 사라진다 해도 이제는 아무도 그것이 무슨 불길한 징조라고는 생각지 않는다. 그러나 옛날에는 동양 사람이나 서양 사람이나 혜성을 아주 무서운 흉조로 여겼었다.

그런데 같은 말로 점성술이라지만 서양의 점성술과 동양의 그것은 아주 다른 방향으로 발전되어 왔다. 아마 2천 5백년이나 3천년 전까지는 비슷하게 발달해 왔던 점성술이 차츰 동양에서는 개인의 운명을 점치는 데에는 사용되지 않고 소위 '국가 점성술'로 고정된 데 반하여 서양에서는 '개인 점성술'로 발달하게 된 것이다.

요즘이야 과학이 발달하여 아무도 점성술을 심각하게 받아들이지 않지만 불과 100년 전까지도 우리 선조들은 일식이나 혜성 같은 것을 심상하게 여기지 않았고, 서양에서는 지금도 점성술 잡지가 많이 팔릴 정도이다. 서양에서는 신문에까지 '호로스코프'라는 난을 만들어 점성술로 '오늘의 운세'를 예언해 주기도 한다. 그렇다고 요즘의 서양 사람들이 그걸 대단하게 여긴다는 뜻은 아니다. 어차피 그 사람은 각각 자기가 어느 별자리와 함께 태어났다는 사실을 알고 자라기 때문에 취미삼아 지금도 점성술을 눈여겨보고 있는 것이다.

점성술에 얽힌 일화

서양의 점성술을 말하자면 알렉산더 대왕이 태어날 때의 이야기를 해두는 것이 좋겠다. 알렉산더라면 그리스 철학자 아리스토텔레스의 제자이며 마케도니아의 왕으로 지중해 일대를 정복하여 대제국을 건설한 정복

황도 12궁

자로 알려져 있다. 그의 어머니가 그를 해산하려고 진통하고 있을 때 그 방문 밖에는 점성술사가 지키고 서 있었다.

서양의 개인 점성술에 의하면 어느 사람의 운명은 그가 태어난 때의 별들의 위치에 달려 있다. 그걸 알기 위해서는 '황도12궁(춘분점을 기점으로 황도를 12등분하여 매겨 놓은 성좌이름)'이란 것을 만들어 어느 별자리가 떠오르는지를 가늠해 보게 되어 있었다. 알렉산더가 태어나려는 순간 점성술사는 소리를 질렀다. '왕비님, 조금만 참으십시오, 곧 별자리가 아주 좋아집니다.' 물론 정말로 왕비가 조금 뒤에 알렉산더를 해산한 것인지 어떤지는 알 수가 없었다.

그리스의 점성술은 프톨레마이오스가 쓴 「테트라비블로스」에 의해 후세에 전해졌다. 코페르니쿠스 이전의 가장 위대한 천문학자였던 프톨레마이오스는 순수한 천문학 책으로 「알마게스트」를 써서 천동설을 주장했다. 그는 천문학과 점성술 모두에서 그 시대의 대학자였던 셈이다.

그보다 1천년 이상이 지나 활약한 로저 베이컨이란 학자는 인간 세계의 모든 종교는 행성이 서로 가깝게 접촉했을 때 일어난다면서 기독교는 수성과 목성이 접근했을 때, 이슬람교는 금성과 목성이 서로 만났을 때 생긴 것이라고 주장했다.

다음으로는 우리 모두가 너무나 잘 아는 크리스토퍼 콜럼버스의 아메리카 탐험과 월식 이야기를 소개해 보자.

프톨레마이오스

[Ptolemaeos, Klaudios, 85~165] 그리스의 천문학자 · 지리학자. 이집트의 알렉산드리아에서 천체(天體)를 관측하면서, 대기에 의한 빛의 굴절작용을 발견하고, 달의 운동이 비등속 운동임을 발견하였다. 천문학 지식을 모은 저서 《천문학 집대성》은 코페르니쿠스 이전 시대의 최고의 천문학서로 인정되고 있다.

1502년 그는 네 번째의 아메리카 항해를 하고 있었다. 그가 아메리카를 발견한 지 꼭 10년 뒤의 일이었다. 그러나 아시아로 향하는 길을 찾으러 나선 콜럼버스 일행은 곧 어려운 시련을 겪게 되었다. 항로를 찾지 못한 채 식량조차 떨어져 갔고 근처의 인디언들은 전혀 그들을 도우려 하지 않았다. 1503년 1월 부하들은 반란까지 일으켜 그 중 일부는 식량을 훔쳐 달아나 버렸다. 때마침 천문 관계 책을 읽고 있던 콜럼버스는 그해 2월 29일 밤에 그 지역 자메이카에 월식이 있다는 것을 알게 되었다. 그는 때를 맞춰 근처의 인디언 추장들을 모아 놓고, 월식이 시작되어 인디언들이 무서워 떨기 시작하자 자기는 하늘에서 신의 계시를 받고 내려왔고 지금 달이 까맣게 되는 것은 인디언이 자기 선원에게 먹을 것을 주지 않기 때문이라고 역설했다. 월식이 계속되는 동안 인디언들은 식량을 공급하기로 약속했다. 그러자 콜럼버스는 신이 노여움을 풀었다고 선언했고 정말로 곧 월식은 끝났다.

몇 년 전 우리나라에서도 널리 읽혀졌던 예언서에 「노스트라다무스」란 책이 있다.

사실은 노스트라다무스는 유명한 예언서를 남긴 프랑스의 점성술사 이름이다. 원래 이름은 미셸 드 노트르담(노트르담의 미셸)인데 그의 라틴어 이름으로 노스트라다무스(노트르담의 뜻)라 불리는 것이다.

노스트라다무스

[Nostradamus, 1503~1566] 프랑스의 의사 · 철학자 · 점성가. 프랑스의 유태계(系) 집안에서 태어났다. 어릴 때부터 헤브라이어 · 그리스어 · 라틴어 · 수학 · 점성술을 배웠고, 몽펠리에대학에서는 의학을 전공했다. 그의 저서는 그 신비성(神秘性) 때문에 로마 가톨릭교회에 의해 금서(禁書)가 되었다.

그가 살던 시대는 서양에서 점성술이 큰 인기를 끌던 때였기 때문에 1555년에 그가 시의 형식을 빌려 쓴 예언서는 즉시 큰 인기를 모았다. 시간이 지나면서 그의 예언서는 여러 역사 사건을 미리 예언했다고 해석되는 바람에 그는 위대한 예언자인 듯이 유명해진 것이다. 그러나 따지고 보면 그 예언이란 보기에 따라 이렇게도 또는 저렇게도 해석될 수 있는 막연한 말일 뿐이다.

점성술이 무슨 신통력이 있을 리가 없다. 그러나 과학이 지금처럼 발달하기 전까지는 별들은 인간에게 꼭 무슨 의미가 있는 것처럼 보였다. 점성술은 옛사람들이 가지고 있던 별에 대한 과학이었던 것이다.

초신성의 발견

1987년 2월 23일 밤에 처음 발견된 '초신성 1987A'는 전 세계 천문학자들을 흥분의 도가니에 몰아넣었었다. 자그마치 지금부터 17만년 전에 폭발한 초신성(별의 표면에서 폭발이 일어나 표면층의 일부가 튀어 날릴 때 생기는 현상으로 작은 항성이 갑자기 수천만배로 밝게 빛난다)의 모습이 이날 처음으로 인간의 눈에 띄게 되었던 것이다.

그 별은 지구로부터 17만광년이나 떨어진 곳에 있으니 그 빛이 우리 눈에 이르기까지에는 17만년이 걸렸다는 말이다. 1광년은 1초에 3억 미터를 가는 빛이 1년 동안에 가는 거리를 말한다.

1광년만 해도 우리 인간에게는 상상하기 어려운 먼 거리임을 알 수 있다. 그런데 이 초신성은 17만광년이 되는 먼 거리를 달려 지금 지구에 도착한 것이다.

이 초신성은 남아메리카의 칠레에 있는 라스 캄파나스 천문대에서 파견 근무하던 캐나다의 토론토 대학 천문학도 아이언 셸턴에 의해 발견되었다. 이번처럼 먼눈으로도 관찰할 수 있는 초신성은 1천년에 4번 정도 밖에 생기지 않는다고 학자들은 짐작하고 있다. 그보다 규모가 작은 폭발로 눈에 얼마 동안 보이는 별도 있는데 이런 별 즉, 신성은 좀더 자주 있기는 하다.

그런데 이번의 초신성을 보도하면서 미국의 시사 주간지 「타임」은 그 역사에 대해서도 설명하고 있다. 즉 서양 사람들은 1572년 11월까지 전혀 신성(희미하여 잘 보이지 않다가 갑자기 환하게 나타나는 별)이나 초신성을 발견하지 못했는데 중국에서는 기원전 1300년에 벌써 그런 별이 발견되고 기록되었으며, 그 후에도 그런 기록이 많이 남아 있다는 것이다. 또 그런 기록은 일본에도 남아 있다고 이 기사는 소개했다.

그러나 이 기사는 왜 서양 사람들은 초신성이나 신성을 알지 못했었던가를 설명하지 않았다. 또 일본보다는 우리나라에 이런 기록이 더 많다는 사실도 밝히지 않았다. 서양 사람들에게 중국이나 일본의 과학사는 그래도 알려져 있지만 한국 과학사는 전혀 알려지지 않았기 때문이다.

서양 사람들이 1572년까지 신성이나 초신성을 모른 채 지낼 수밖에 없었던 데에는 그럴 만한 사정이 있다. 그리스 사람들은 달 저쪽의 하늘은 완전한 세상이어서 아무 변화도 있을 수 없다고 굳게 믿고 있었다. 완전한 하늘에 새로 별이 나타난다는 것은 있을 수 없는 일이었다.

기원전 150년쯤에 그리스의 천문학자 히파르코스는 새 별이 나타난 것을 보았지만 그런 말을 들은 사람들은 그를 상대하려고 하지도 않았다. 사람들은 아예 그를 바보라고 놀릴 지경이었다. 그 후 어느 누구도 서양에서는 신성을 발견했다고 나서는 사람이 없었다. 1572년 덴마크의 천재적인 천문학자 티코브라헤가 신성을 발견하여 유렵의 천문학자들로부터 인정을 받을 때까지는…….

새 별의 관측은 동양이 빨랐다

동양 사람들에게는 하늘이 완전하다는 투의 생각이 없었다. 그들은 아주 옛날부터 하늘을 열심히 관찰하고 무슨 이상한 현상이 발견되면 그것은 지상에서 무엇이 잘못되고 있기 때문이라고 설명했다. 서양의 점성

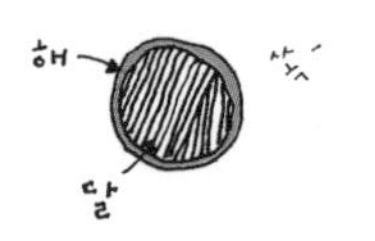

술이 개인의 운명을 점쳐 보는 방향으로 발달한 것과는 대조적으로 동양의 점성술은 국가의 운명을 예언하는 방향으로 전개된 것이다.

하늘에 나타나는 새 별도 이런 뜻으로 해석되었다. 없던 자리에 나타난 별이라 하여 동양 사람들은 그 별을 객성(客星)이라 했다. '손님 별'이라고 부른 셈이다.

그러나 이름은 그럴 듯했지만 이 별이 나타나는 것은 별로 반가운 일은 아니었다. 혜성이나 마찬가지로 객성이 나타나면 '낡은 것이 물러가고 새 것이 온다'는 설명도 있었다. 즉 지금 행세하던 사람들이 쫓겨나고 새 세력이 권력을 잡는다는 의미로도 해석되었던 것이다. 이렇게 중요한 의미가 있기 때문에 옛사람들은 열심히 천문을 보고 또 그것을 기록에 남긴 것이다.

신성과 초신성 또는 혜성만이 중요하게 여겨진 것이 아니라 수많은 천체의 움직임이 불길한 것으로 해석됐다. 일식은 임금님에게 무슨 나쁜 일이 일어날 조짐이라 했고, 월식은 왕비에게 좋지 않게 여겨졌다. 금성이 낮게 보여도 좋지 않고, 별똥별도 반갑지 않았다. 그러나 동양의 이런 국가 점성술은 그냥 점성술로만 그치지 않았다.

별만이 불길한 것을 예언하는 데 이용된 것이 아니라 이상한 자연 현상 모두가 비슷한 의미로 해석되었기 때문이다. 예들 들면 가뭄이 드는 것이나 홍수가 나는 것은 좋지 않은 것이 당연하지만, 봄에 눈이 내리거나 가을에 복사꽃이나 자두 꽃이 피는 것도 대단히 불길하게 해석되었다. 그리고 이런 이상한 현상은 모두 정치가 잘못되어 일어난다는 것이었다.

그래서 우리 선조들에게는 자연의 이상한 현상을 관찰하는 일이 오히려 지금 우리에게보다도 더욱 중요한 일이었다. 삼국시대의 대표적인 역사책 「삼국사기」에는 이런 기록만 자그마치 1천개가 남아 있고 고려시대를 다룬 「고려사」에는 6천 5백개의 기록이 남아 있다. 조선 시대로 넘어가면 자료는 더욱 많아져 이런 기록이 당시의 실록 등에 남겨져 있는 것이다.

참 이상한 것은 당시 사람들은 일식 같은 것은 쉽사리 계산해서 미리 예보까지 하고 있었다. 그런데도 일식이 일어나면 임금은 신하들을 거느리고 흰 옷을 입고 대궐 뜰에 서서 북을 치며 엄숙하게 일식이 끝날 때까지 기도하는 자세를 지키는 것이었다.

송나라 때의 사상가로 조선 시대 우리나라에서 절대적 권위를 누렸던 주자(朱子)는 일식은 미리 계산하여 예보할 수 있다고 말하면서, 그래도 임금이 정치를 잘하면 일어나려던 일식이 일어나지 않을 수도 있다고 말했다.

지금 생각해 보면 참 어처구니없는 일이지만, 그것이 당시의 과학이었다. 유명한 17세기 천문학자 케플러가 말했듯이 그가 활약하던 시대까지도 천문학자를 벌어 먹이는 것은 점성술이었다.

06_화학의 발달을 가져온 연금술

값싼 쇠로 금을 만들 수 있다고 믿어

예로부터 사람들은 돈을 좋아했고, 금이나 보석을 사랑했다. 특히 광산에서 캐내는 황금에 대해서는 어떻게 그것을 사람의 힘으로 만들 수 없을까 생각하게 되었다. 아주 옛날에도 이집트 사람들은 누런 칠을 하여 황금인 것처럼 보이게 했다지만, 그 후 줄곧 인류 역사를 통하여 납이나 주석 또는 수은이나 은을 가공하여 금을 만들 수 있지 않을까 연구했다. 값싼 금속을 금으로 바꿔 보려던 인간의 노력을 우리는 연금술(鍊金術)이라 부른다.

아직 아무도 이런 방식으로 금을 만들어내지는 못했다. 오히려 연금술은 허무맹랑한 미신이라는 결론을 우리는 얻고 있다. 그렇지만 옛날 사람들에게 연금술은 조금도 이상할 것 없는 과학이요 기술이었다. 고대인은 모두 연금술을 믿고 있었으며 그것은 로마 시대에도 크게 퍼졌고, 중세 서양에서 그리고 아랍에서 크게 인기를 얻었다.

동양에서도 고대부터 이미 연금술은 크게 발달했다. 다만 다른 것이 있다면 서양의 연금술이 금을 만들어 보려고 애쓴 것과 달리 동양의 연금술은 금을 만들겠다는 노력보다 오히려 늙지 않고 오래 살 수 있는 약을 만들어내려는 생각이 앞서 있었다. 그래서 동양의 연금술을 특히 연단술(鍊丹術)이라 부르기도 한다. 단(丹), 즉 불로장생(不老長生)의 약을 만드는 기술이란 뜻이다.

서양에서는 아주 옛날부터 금속은 땅 속에서 자라고 있는 것이라 생각했다. 마치 땅 위에서 나무와 풀이 자라듯 땅 속에서는 값싼 금속이 황금 같은 비싼 금속으로 성장하고 있다고 믿었던 것이다.

그리스의 이름난 철학자들 역시 연금술이 가능하다고 믿었다. 플라톤이나 아리스토텔레스가 모두 4원소는 서로 바뀔 수 있다고 말했으니 사람의 힘으로 금을 만들 수 있다고 생각한 것은 너무도 당연한 일이었다. 요컨대 땅 속에서는 너무 오래 걸리는 금으로 변하는 과정을 어떻게 하면 시간을 단축해서 빨리 금을 만드느냐에 있었다.

중세 연금술의 대학자로는 자비르 이븐 하이얀을 들 수 있다. 서양에서는 게베르라는 이름으로 유명한 그는 이 세상의 모든 금속은 수은과 황이 바탕이 되어 변화하여 생긴 것이라 주장했다. 수은이나 황을 어떻게 이용하여 금을 만들 수 있을까 생각하게 되었다.

그 후의 유명한 연금술사로는 역시 아라비아의 알 라지(850~923)를 꼽을 수 있다. 자비르라는

과학자 이야기

자비르 이븐 하이얀

[Jabir Ibn Hayan, 721~776] 아라비아의 연금술사. 아라비아의 화학의 아버지라고 불린다. 옷감과 피혁의 염색, 옷감의 방수와 철의 부식방지를 위한 니스의 사용, 유리 제조에서 이산화망간의 사용 등 뛰어난 기술을 발휘하였다. 소변을 가열하면서 관찰하다가 암모니아를 발견하였다.

인물이 상당히 전설에 싸여있는 것과 달리 알 라지는 분명히 바그다드에서 활약한 학자로 많은 책이 지금도 남아 있다. 특히 의학 연구에 많은 공을 남긴 그는 늙어서는 눈이 먼 채로 연구에 몰두했다. 그의 실험실에는 요즘 화학 실험실에서 볼 수 있을 여러 가지 기구들이 이미 사용되고 있었다. 비커와 플라스크, 증류 장치와 중탕 기구가 모두 갖춰져 있었다.

실제로 근대 화학이 서양에서 발달하는 데 바탕을 만들어 준 것은 바로 연금술이었다. 많은 화학 실험의 기구가 중세의 연금술에서 만들어졌고 약품이나 실험 방법도 연금술에서 나왔다. '알코올'이라면 우리 모두 잘 아는 말이지만, 이 말은 원래 아라비아 말에서 나와 세계가 모두 쓰게 된 것이다. 아라비아의 연금술은 알코올 말고도 많은 유산을 후세에 남겼다.

역사상 가장 위대한 과학자의 하나로 손꼽히는 아이작 뉴턴(1642~1727)도 그의 말년에는 연금술의 연구에 온갖 정성을 다 바치고 있었다. 뉴턴이 꼭 금을 만들어 돈을 벌겠다는 생각에서 그렇게 열심히 연금술을 연구한 것은 아니었다. 서양에서는 수천년 동안 많은 학자들이 그것을 조금만 넣어 주면 납이나 주석 따위를 황금으로 바꿔주는 어떤 물질이 있다고 믿고 그것을 찾아 온갖 노력을 기울였던 것이다. '철학자의 돌'이라 부른 이 물질을 찾아내려는 고집 때문에 뉴턴은 만유인력의 법칙을 알아낸 뒤의 그의 일생을 이런 연구에 바쳤을 것이다.

불로장생의 약을 만드는 연단술

서양의 연금술과는 달리 동양에서는 불로장생의 약, 즉 단(丹)을 만들어 내려는 노력이 중심이었다. 중국에서 늙지도 않고 죽지도 않는 약을 찾으려 애쓴 사람으로는 진시황이 너무나 유명하다. 여러 작은 나라로 나뉘어 있던 중국을 통일하여 진(秦)나라를 세운 첫 황제라는 뜻으로 진시황이라 불리는 그는 전부터 중국에 알려진 신선 이야기를 믿고 신선이 산다는 봉래산에 수많은 젊은 남녀를 파견했다.

봉래산은 동쪽바다 건너에 있었다고 전해져 있는데 그것이 우리나라의 금강산을 가리킨 것인지는 확실하지가 않다. 하여간 우리의 금강산을 봉래산이라고도 부르는 것은 이 전설과 관련된 일이다.

진시황이 신선이 살고 있다는 봉래산에 사람을 보내 죽지 않는 약을 구해 보려고 노력한 것과는 달리 그 후의 중국 황제들은 단을 만들어 보려고 온갖 노력을 아끼지 않았다. 동양에서는 연금술이 온통 연단술 중심이었기 때문에 연단술은 아예 신선술이라고도 불릴 정도이다.

그런데 서양의 연금술이나 마찬가지로 동양의 연단술도 역시 수은을 원료로 사용했다. 게다가 비소까지 꽤 널리 쓰인 것이 연단술이었다. 수은이나 비소는 무서운 독을 가진 것으로 유명하다. 물론 이런 상식은 지금의 이야기일 뿐이지 옛날 사람들은 상상도 하지 못했다.

서기 618년에 시작하여 907년까지 중국의 당나라에는 모두 20명의 황제가 있었다. 그런데 이 가운데 6명은 단을 잘못 만들어 마셔서 오히려 자기 목숨을 잃었던 것이 밝혀졌다.

연금술은 금을 만들어 보려는 노력이었지만 이 방법으로 금은 손톱만큼도 만들지 못했다. 연단술은 불로장생의 약을 만들어 내려는 노력이었지만 사람의 목숨을 연장시켜 주기는커녕 오히려 멀쩡한 당나라 황제들을 일찍 죽게 만들었다. 그럼에도 불구하고 연금술과 연단술은 인간의 과학 수준을 높여 주는 데 아주 중요한 몫을 해냈던 것이다.

07_ 현대과학의 시작, 코페르니쿠스의 혁명

과학 혁명

'과학 혁명'이란 말이 있다. 우리나라에서는 많이 쓰이지 않고 있지만 서양에서는 제법 널리 알려진 역사 용어이다. 17세기를 전후해서 그리스 이래 중세까지 서양 사람들이 옳다고 믿어 왔던 과학적인 생각이 송두리째 뒤집히기 시작한 것이었다.

지구가 우주의 중심에 움직이지 않고 서 있다는 생각도 틀리다는 사실이 밝혀졌고, 이 세상을 만들고 있는 물질은 불, 공기, 물, 흙이라던 4원소 이야기도 헛소리가 되고 말았다. 우주와 물질 그리고 생물을 보는 사람들의 생각이 그야말로 180도 바뀌기 시작했다.

인류 역사상 이렇게 송두리째 모두가 한꺼번에 바뀐 일은 없다. 그래서 학자들은 이 변화를 일러 '과학 혁명'이라 부르기 시작한 것이다.

이 혁명은 언제 누구에 의해 시작된 것일까? 꼭 어느 한 사람을 골라 말하라면 아마 거의 모든 과학사 학자들은 폴란드의 천문학자 니콜라우스 코페르니쿠스(1473~1543)를 꼽을 것이다. 어떤 사람들은 '과학 혁명'을 '코페르니쿠스의 혁명' 또는 '코페르니쿠스적 전환'이라 부를 정도로 그의 이름은 널리 알려져 있다.

퀴리 부인과 함께 폴란드가 낳은 대표적 과학자인 코페르니쿠스는 그 전까지 사람들이 믿고 있던 천동설(天動說) 대신 지동설(地動說)을 내세웠기 때문이다. 지구는 우주의 중심에 고정되어 있는 것이 아니라 태양 둘레를 1년에 한 번 자전함으로써 계절이 바뀌고 낮과 밤이 생긴다고 주장한 것이다.

따지고 보면 이런 주장을 처음 한 사람은 코페르니쿠스가 아니라 그보다도 1,800년이나 앞선 그리스의 천문학자 아리스탈코스를 들어야 옳을 것이다. 그러나 아리스탈코스는 지구의 자전과 공전을 말하기는 했지만 그 뒤를 받쳐 주는 학자가 전혀 없었다.

오히려 그의 주장은 터무니없는 잠꼬대라고 비웃음이나 받기에 알맞았다. 지구가 24시간에 한 번씩 자전한다면 지구의 표면은 무서운 속도로 이동할 텐데 그렇다면 그 위에서는 새가 한쪽으로 날기 쉽고 그 반대쪽으로 날기는 어렵다는 말인가? 그렇지만 새가 날아가는 것은 어느 쪽으로나 마찬가지가 아닌가. 아무래도 지구가 자전한다는 말은 믿기 어려운 일이었다. 이래저래 그리스 시대의 지동설은 별로 관심을 끌어 보지도 못한 채 사라져 갔다.

과학자이야기

코페르니쿠스

[Copernicus, Nicolaus, 1473~1543] 폴란드의 천문학자. 지구가 자전축을 중심으로 자전하고 정지해 있는 태양 주위를 공전한다고 주장함으로써, 근대 과학의 출현에 지대한 의미를 가지는 개념을 발전시켰다. 그 후 지구는 더 이상 우주의 중심이 아닌 수많은 천체 중 하나로 여겨지게 되었다.

지구가 태양의 둘레를 돈다

코페르니쿠스는 이런 지동설을 다시 옳다고 들고 나온 것이다. 1543년 그는 「천구의 회전에 대하여」라는 책을 써서 그의 지동설을 발표했다.

원래 폴란드의 토룬이란 도시 태생인 코페르니쿠스는 그곳의 크라카우 대학에서 의학을 공부한 다음 이탈리아에서 유학하여 10년 동안이나 공부했다. '르네상스'로 알려진 문화의 꽃을 한껏 피우고 있던 당시의 이탈리아는 지금과는 달리 여러 개의 작은 나라로 나뉘어져 있었으며 좋은 대학도 많고 당시로서는 세계 최고의 문명을 자랑하고 있었다. 몇 개 대학을 돌아다니면서 코페르니쿠스는 신학, 천문학, 수학, 의학 등을 골고루 공부했고 이 사이에 지동설이 옳다는 생각도 가지기 시작했던 모양이다.

폴란드에 돌아온 코페르니쿠스는 의사로 명성을 얻으며 한편으로는 성당에서도 평신도 가운데 간부로 활약하여 교회 안의 많은 사람과도 친분이 있었다. 아주 독실한 가톨릭 신자였음은 물론이다. 그는 자기의 지동설을 몇몇 교회 간부들에게 말하고 또 그것을 간단히 적어 그들에게 보여 주며 그들로부터 책으로 내도 좋겠다는 말을 들었다.

드디어 이 책이 출판된 1543년은 그가 죽은 해이기도 하다. 그는 책이 나오자마자 마지막 숨을 거두었기 때문에 이 책 때문에 무슨 처벌을 받거나 또는 조사를 받은 일은 없다. 당시에는 오히려 지동설은 그리 대단한 관심을 끌지 못하던 일이었던 것 같다.

또 코페르니쿠스 역시 교회를 반대하거나 하나님에 거역하여 지동설을 주장한다고는 꿈에도 상상하지 않고 있었다. 오히려 그는 지동설이야말로 하나님의 위대한 창조로 생겨난 이 우주를 더욱 아름답고 이치에 맞는 세계로 만들어 준다고 굳게 믿고 있었다.

그의 말마따나 우주는 하나님이 만든 신전이다. 그렇다면 하나님은 이 신전을 만들고 그 어느 곳에 신전을 밝혀 줄 촛불을 놓았을 것이냐고 그는 스스로에게 물어 보았다. 신전 안을 골고루 비춰 주기 위해서는 촛불은 당연히 신전의 한가운데 놓여야 할 것이다. 하나님은 우주의 촛불인 태양을 중앙에 놓아주고 지구가 그 둘레를 돌게 만들었다고 코페르니쿠스는 결론지었던 것이다.

때마침 지구상의 대발견으로 알려진 탐험의 시대였다. 먼 바다를 항해하는 배들은 자기 위치를 정확히 알기 위해 천문관측을 해야만 했다. 천문학은 무역선의 안전한 항해를 위해서 더욱 발달을 재촉 받고 있던 때였다. 꼭 지구가 자전과 공전을 한다는 것이 아니라, 그렇다고 치면 천문 관측이 쉬워진다는데 아무도 그런 상상을 막을 사람은 없었다.

아무도 코페르니쿠스의 지동설을 이단이라고 욕하거나 그를 처벌하자고 나서지 않았다. 가톨릭교회가 별다른 반응을 보이지 않는 가운데 오히려 때마침 일어나고 있던 신교의 지도자들은 지동설을 가볍게 비웃었다. 종교 개혁의 대표였던 마르틴 루터는 그의 지동설 얘기를 전해 듣고는 코페르니쿠스가 '천문학의 앞과 뒤도 분간할 줄 모르는 바보'라고 웃어넘기고 말았다.

08_그래도 지구는 돈다

망원경으로 태양과 달 표면을 관찰

갈릴레이라면 누구나 '그래도 지구는 돈다'라고 말하며 종교 재판소를 떠난 위대한 과학자로 손꼽는다. 1564년 이탈리아의 피사에서 태어난 갈릴레오 갈릴레이(1564~1642)는 영국이 낳은 극작가 셰익스피어와 같은 해에 세상에 태어났다. 11세에 예수회 선교사 학교에 입학했던 갈릴레이는 17세에 피사 대학에 들어가 의학을 공부했다. 그러나 곧 의학을 그만두고 수학을 공부하기 시작했고 여기서 그는 그의 재능을 더욱 발휘하기 시작했다.

갈릴레이가 남긴 업적은 크게 셋을 들어 말할 수 있다.

① 망원경의 발명과 그 이용으로 여러 가지를 발견한 일, ② 지동설이 옳다고 주장하고 나선 일, ③ 물체의 운동에 대한 과학적 설명을 하기 시작하여 근대적인 역학(力學)을 세워 나간 일 등이 그것이다.

갈릴레이가 망원경을 만든 것은 1년 전에 네덜란드의 한스 리퍼세이가

갈릴레이

[Galilei, Galileo, 1564~1642] 이탈리아의 천문학자 · 물리학자 · 수학자. 일찍부터 지구가 태양 주위를 돈다는 코페르니쿠스의 태양중심체계를 믿고 있었다. 망원경 발명의 소식을 접하고 파도바로 돌아와서 3배율 망원경을 만들었으며, 그 뒤 곧 32배율로 개량했다. 이 망원경은 새로 고안한 렌즈의 곡률점검법을 사용하여 천체관측에 처음으로 이용될 수 있었다.

원통에 렌즈 두 개를 끼워 먼 것을 가까이 볼 수 있는 도구를 만들었다는 말을 전해 듣고 곧 그 말을 바탕으로 망원경을 만들 수 있었던 것이다.

물론 그가 남의 말만 듣고 망원경을 만든 것도 쉬운 일은 아니었다. 그러나 더욱 중요한 사실은 그는 그렇게 만든 망원경을 하늘로 향했다는 사실이다. 놀랍게도 그는 달의 표면이 매끄럽기는커녕 울퉁불퉁하게 생겼고, 태양에는 흑점이 있고, 금성은 마치 초승달과 보름달처럼 모양이 바뀌어 보인다는 것도 발견했다. 뿐만 아니라 지구의 달과도 같은 위성을 목성은 4개나 가지고 있음을 알게 되었다.

도대체 그때까지 사람들이 짐작하고 있던 우주의 모습과는 너무도 달랐다. 아주 옛날부터 서양 사람들은 지구는 우주의 중심에 있고 달 저쪽의 우주는 완전한 세상이어서 모든 것이 매끈하고 질서 있는 것으로 알고 있었다. 갈릴레이의 망원경은 하늘도 지구 위에서나 마찬가지로 변화투성이라는 사실을 보여 주었다.

우주는 옛사람들의 생각과는 다르다는 것을 알 수가 있었다. 갈릴레이는 시청의 옥상에 망원경을 설치해 놓고 사람들에게 밤하늘을 구경시키고 낮에는 바다 저쪽의 배들과 태양의 흑점을 보여주었다. 고집 센 사람 가운데에는 흑점은 태양에 있는 것이 아니라 갈릴레이가 망원경 속에 속임수로 만드는 것이라고 떼를 쓰는 경우도 있었다.

지동설 주장으로 종교 재판 받아

갈릴레이의 두 번째 업적은 이렇게 자라게 된 우주에 대한 새로운 생각에서 태어난 셈이다. 아무래도 우주는 완전한 세계이고 영원한 원운동만이 거듭된다는 옛생각이 틀린 것처럼 보이기 시작했다. 그렇다면 지구가 이 세상의 중심에 있다는 생각도 역시 잘못이 아닐까? 이미 폴란드의 코페르니쿠스는 1543년 지동설을 주장하여 책까지 써내지 않았던가? 갈릴레오는 지구는 우주의 중심에 고정돼 있는 것이 아니라 하루 한 번 자전하면서 1년에 한번씩 태양의 둘레를 공전한다고 믿게 되었다.

독실한 가톨릭 신자였던 그는 마침 교황 우르바누스 8세와는 전부터 알고 있던 사이였다. 갈릴레오는 교회가 지동설을 옳다고 따르는 것이 교회의 장래를 위해 잘하는 일이라 생각하여 교황을 설득하려고 노력했다. 그러나 이미 교황청에는 너무나 많은 사람들이 보수적인 생각에 젖어 있었다. 그들은 하나님은 인간을 하나님 모습대로 만들고 그렇게 만든 인간에게 우주의 중앙을 차지하고 살도록 한 것이라 굳게 믿고 있었다. 인간은 하나님의 선택을 받은 존재이므로 당연히 인간은 세계의 중심을 차지해야 옳다는 생각이었다.

그에 앞서 조르다노 브루노는 우주 저쪽 어디엔가 인간과 비슷한 지혜로운 생명체가 있을지도 모른다고 주장한 일이 있다. 또 그는 우주는 무한하여 무한한 우주에는 중심이란 있을 수 없다고 주장했다. 이런 주장을 그대로 모른 체 할 수 없다고 판단한 교황청은 1600년 그를 이단자라고 규정하여 장작더미 위에 올려놓고 화형에 처했다.

갈릴레이는 교황을 설득하여 지동설을 옳다고 선언하게는 하지 못했지만 지동설에 관한 책을 써도 좋다는 허락은 얻었다. 다만 그의 책에는 지동설이 옳다고 써서는 안 된다는 조건 속에 얻어낸 허락이었다. 1632년 갈릴레이가 발표한 「두 가지 세계상에 대한 대화」는 이렇게 해서 쓰인 책이다.

약속대로 갈릴레이는 이 책의 어디에서도 지동설이 옳다고는 말하지 않았다. 그럼에도 불구하고 이 책이 나오자마자 교황청은 그것을 모두 압수하여 팔지 못하게 했고 갈릴레이를 붙잡아서 종교 재판을 받게 했

다. 갈릴레이가 아주 교묘하게 교황과의 약속을 어겼기 때문이었다.

이 책은 지동설과 천동설을 놓고 세 과학자가 논쟁하는 방식으로 쓰여 있는데 지동설을 주장하는 사람은 아주 재치 있고 똑똑하게 그려져 있지만, 천동설을 주장하는 자는 우둔하고 멍청하게 묘사되었던 것이다. 누가 보아도 금방 지동설이 옳구나 하고 느낄 정도로 써 놓았던 것이다.

종교 재판에 불려간 그는 오랫동안 여러 가지로 조사를 받았다. 이미 나이가 거의 70이었던 갈릴레이에게 무슨 고문을 하지는 않았다. 그러나 만약 그가 고집을 꺾지 않는다면 고문을 받을지도 모른다고 그는 느끼게 되었었고, 결국 늙은 갈릴레이는 자기가 잘못했으며 다시는 지동설이 옳다고 주장하지도 않을 것이고 그렇게 학생들에게 가르치지도 않겠다고 약속했다.

이런 약속 덕분에 그는 종교 재판에서 온전한 몸으로 풀려날 수 있었다. 그렇다고 그가 완전히 자유롭게 된 것은 아니었다. 죽을 때까지 그는 고향 피렌체를 떠나지 못한다는 조건으로 석방된 것이었다. 1633년 종교 재판소를 나서며 그가 '그래도 지구는 돈다'라고 중얼거린 것은 이 때문이었다.

갈릴레이는 이런 이야기 때문에 가장 잘 알려져 있다. 그러나 그가 지동설을 지지하고 나섰다가 고생한 것이나 망원경으로 많은 것을 발견한 것보다 더 중요한 공헌은 그가 발견한 지상에서의 물체의 운동 법칙이다. 피사의 기울어진 탑에서 두 가지 물체를 떨어뜨리는 실험을 해서 알아냈다는 물체 낙하의 법칙을 비롯하여 갈릴레이는 근대적인 역학(力學)을 처음 확립시킨 더 중요한 공을 남긴 것이다.

09_ 천체운동을 과학적으로 설명한 케플러

물체의 운동 법칙

갈릴레이가 운동의 문제에 관심을 보인 것은 1583년 그가 피사의 성당에서 흔들리고 있는 등불을 보고 흔들이의 법칙을 발견하면서부터였다.

의학을 공부하던 갈릴레이는 흔들이가 진동의 폭이 넓을 때나 좁을 때나 한번 흔들리는 데 걸리는 시간은 똑같다는 사실을 알아냈던 것이다.

갈릴레이의 더욱 유명한 실험은 1590년 그가 25살 때에 피사의 기울어진 탑에서 실시되었다고 알려져 있다. 많은 구경꾼이 모인 가운데 그는 피사의 사탑 7층 꼭대기에서 무게가 10대 1로 서로 틀린 두 개의 공을 거의 30미터 아래로 떨어뜨려 보았다. 아리스토텔레스의 이론에 의하면 당연히 무거운 것은 가벼운 것보다 훨씬 빨리 떨어져야 옳을 것이다. 그러나 실험의 결과는 뜻밖이었다. 두 공은 아주 똑같은 속도로 땅에 떨어진 것이었다.

사실은 갈릴레이가 정말로 이 실험을 처음으로 한 것인지에 대하여는 의문이 있다. 그가 이런 실험을 피사의 사탑에서 했다는 말은 뒤에 전설로 남아 있는 것일 뿐이지 꼭 믿을 만하지는 않다. 그러나 그가 이런 실험을 했건 안 했건 그보다 앞서서 1587년 네덜란드의 시몬 스테빈이 이 실험을 한 것만은 분명하다.

그밖에도 여러 가지 실험을 통하여 갈릴레이는 물체의 운동을 미리 계산하여 알아내는 방법을 밝혀냈고 그것을 수학적인 공식으로 나타내 주었다. 그는 한번 운동하기 시작한 물체는 저절로 그 운동을 계속하려 한다고도 생각하여 마치 지금의 관성의 법칙을 알고 있었던 것으로 보인다. 그러나 그의 관성 법칙은 직선 관성이 아니라 원형의 관성이었다. 그래서 갈릴레이는 지구 둘레를 돌고 있는 달의 운동이 저절로 일어나는 관성운동이라 믿었다.

갈릴레이는 땅 위에서의 운동에 대해서는 정확한 운동의 법칙을 알아내는 등 크게 공헌을 한 셈이지만 천제의 운동에 대해서는 잘못 생각하고 있었다. 바로 이런 분야에서 크게 공헌한 과학자가 요하네스 케플러(1571~1630)였다. 도이칠란트의 바일이란 작은 도시에서 태어난 그는 튀빙겐 대학을 마친 후 그라츠 전문학교에서 수학과 천문학을 가르치는 동안 그의 생각을 정리하여 25세 때 「우주의 신비」라는 책을 썼다.

과학자이야기

케플러

[Kepler, Johannes, 1571~1630] 독일의 천문학자. 지구 및 다른 행성들이 태양을 중심으로 타원궤도를 그리면서 공전한다는 사실을 밝혔다. 행성운동의 3가지 원리를 발견한 것으로 가장 잘 알려져 있다.

행성의 궤도는 타원이다

이 세상에는 왜 여섯 개의 행성만이 있을까? 그는 갈릴레이와 마찬가지로 코페르니쿠스의 지동설을 옳다고 믿고 있었다. 따라서 이 세상에는 수성, 금성, 지구, 화성, 목성, 토성의 6개 행성이 있다고 생각했다. 아직 천왕성, 해왕성, 명왕성 따위는 발견되기 전의 일이었다.

여기서 케플러는 아주 재미있는 생각을 갖게 되었다. 하나님이 행성을 6개만 만든 것은 그래야만 그 사이가 다섯이 되기 때문일 것이라는 생각이었다. 왜냐하면 이 세상에는 꼭 5개의 정다면체가 있기 때문이다. 5개뿐인 정다면체와 6개뿐인 행성사이에는 무슨 관계가 있을 것이라고 그는 짐작했다.

오랜 연구 끝에 그가 내린 결론은 수성과 금성의 사이에는 정8면체가, 금성과 지구 사이에는 정20면체가, 지구와 화성 사이에는 정12면체가, 화성과 목성 사이에는 정4면체가, 목성과 토성 사이에는 정6면체가 꼭 맞게 들어가도록 되어 있다는 것이었다. 케플러는 물론 틀린 생각을 갖고 있었다.

브라헤의 지도

아직 발견되지 않았을 뿐이지 태양계에서는 6개의 행성만이 있지 않았으니까 그의 결론은 어차피 잘못된 것이었다.

잘못된 생각이었지만 그의 발상이 아주 재미있는 것이었음은 물론이다. 케플러는 이 책을 당시의 유명한 천문학자 몇에게 보냈는데, 이를 받아본 티코 브라헤는 아주 감탄해 버렸다.

망원경이 나오기 이전의 가장 위대한 관측 천문학자였던 브라헤(1546~1601)는 이 때 세계의 어느 다른 사람도 갖지 못한 최근 20년 동안의 상세한 천문 관측 기록을 가지고 있었다. 그런데 그는 지동설을 믿지 않고 그 나름의 새로운 우주관을 생각하고 있었다. 그는 젊고 머리가 좋은 케플러에게 자기 생각을 증명해 줄 것을 기대하며 케플러에게 초청장을 보냈다.

케플러에게는 그렇게 좋은 기회란 여간해서 있을 수 없는 일이었다. 그는 곧 브라헤에게 달려갔고 브라헤의 철저한 천체 관측 모습에 감탄하고 있는 사이에 1년만에 그가 죽자 그가 남긴 20년간의 관측 자료를 가지고 돌아왔다. 이 자료가 케플러에게는 그 후의 연구를 뒷받침해 준 원동력이었다. 1609년 그는 드디어 「새로운 천문학」을 출판하여 처음으로 행성의 운동하는 길은 원이 아니라 타원이며, 그 운동 속도는 면적 속도의 법칙을 따른다고 발표했다.

이것을 케플러의 제1법칙 '타원 궤도의 법칙'과 제2법칙 '면적 속도의 법칙'이라 부른다. 10년 뒤에 그는 다시 제3법칙으로 '조화의 법칙'을 발표했다.

그러나 행성이 원이 아닌 타원을 그리며 돌고 있다는 말을 당시에는 아무도 믿으려 하지를 않았다. 케플러는 그의 책을 갈릴레이에게도 보냈지만 갈릴레이마저도 타원 궤도설은 거들떠보지도 않았다.

케플러의 타원 궤도설은 1609년에 나왔

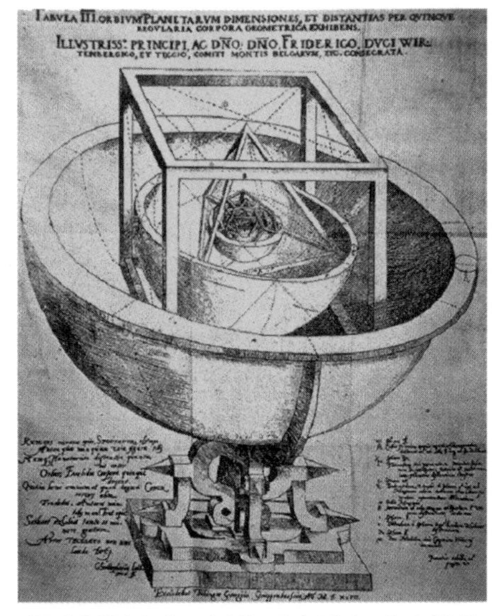

케플러의 행성의 궤도 사이에는 정다면체가 5개 끼여있다는 생각을 나타내주는 모형

건만 갈릴레이는 1632년의 재판받은 그의 책에서 여전히 지구 둘레를 저절로 원운동한다고 적어 놓고 있을 정도이다.

갈릴레이는 지상에서의 운동에 대해서는 훌륭한 법칙을 찾아냈지만 천체 운동을 제대로 알지 못했던 것이다. 이와는 대조적으로 케플러는 지상의 운동을 연구하지는 않았지만 천체 운동을 과학적으로 설명할 수 있는 길을 열어 주었다.

10_ 시계바늘은 왜 오른쪽으로 돌게 됐을까?

시계바늘이 오른쪽으로만 도는 이유

왜 시계는 모두 왼쪽에서 오른쪽으로만 도는 걸까? 벽에 걸어 놓은 큰 벽시계를 보거나 손목에 차고 있는 작은 시계를 보거나 한결같이 시계는 오른쪽으로만 돌고 있다. 왜 그럴까? 그렇게나 기술이 발달되었다면서 왼쪽으로 도는 시계쯤 만들 수가 없다는 말일까?

알고 보면 그 이유는 아주 간단하다. 원래 시계는 해시계를 할아버지로 하고 세상에 태어났다. 그런데 아주 옛날부터 사람이 이용한 해시계는 막대기의 그림자가 꼭 오른쪽으로 움직였던 것이다. 만약 남반구에서라면 해시계의 바늘 그림자는 그 반대로 움직일 것이다. 오른쪽에서 왼쪽으로 말이다.

그런데 우리가 모두 잘 알고 있는 것처럼 인류 문명은 모두 북반구에서만 발달되었을 뿐이지 남반구에서 발달된 일이 없다. 고대 문명의 발상지라는 중국, 인디아, 바빌로니아, 이집트가 모두 북반구에 속하는 것

이다. 해시계는 꼭 어느 곳에서 먼저 발명되어 다른 곳에 전파되지는 않았다 하더라도 북반구에서 어디서나 저절로 오른쪽으로 도는 시계를 만들 수밖에 없었던 것이다.

만일 남반구에서 따로 문명이 발달되었더라면 오른쪽으로 도는 시계를 찬 북반구 사람들과 왼쪽으로 도는 시계를 찬 남반구 사람들 사이에 큰 전쟁이라도 벌어졌을지도 모르는 일이다.

마당에 기둥 하나만 세워 두면 훌륭한 해시계가 생기는 것이다. 아니 꼭 마당에 기둥을 따로 세우지 않더라도 나무나 집이 훌륭하게 해시계 노릇을 해 줄 수가 있다. 어느 것이나 해 그림자가 움직이는 것을 관찰하면 시간을 알 수 있기 때문이다.

여러분의 방에 남쪽으로 창이 나 있다면 방 안에 들이비치는 햇빛을 보고 시간을 잴 수도 있다. 그러나 해시계를 밤에 쓸 수는 없다. 아니 날이 흐리기만 해도 그걸 쓸 수는 없다. 비라도 온다면 더욱 그럴 것이고 …….

인류 역사상 가장 간편하고 또 기본적인 시계가 해시계였지만 흐린 날이나 밤의 시간을 알기 위해서는 다른 시계를 만들 수밖에 없었다. 촛불을 켜놓고 그것이 닳아 들어가는 것을 보아 밤 시간을 재기도 했고, 지금도 널리 쓰이는 모래시계가 나오기도 했다.

그러나 더욱 중요한 시계가 물시계였음은 물론이다. 한마디로 물시계라지만 그것에도 여러 가지가 있었다. 그 가운데는 물의 힘으로 시계 바늘을 돌려주는 장치도 있었다. 물론 이런 경우에도 바늘은 해시계 방향에 따라 오른쪽으로 돌게 되어 있었다. 그 후 17세기를 전후해서 기계시계가 크게 발달했다. 여전히 바늘의 방향에는 아무 변화가 있을 수 없었다.

세종대왕의 해시계와 물시계

해시계와 물시계라면 꼭 어느 민족이 더 우수한 실력을 보여주었다고 잘라 말하기 어렵게 인류는 아주 옛날부터 여러 가지 시계를 만들어 왔다.

우리 선조들도 남에게 뒤지지 않는 실력을 유감없이 발휘한 것이 해시계와 물시계 분야였다. 특히 조선 왕조 제4대 임금 세종대왕 때에 나온 여러 가지 해시계와 물시계는 우리 역사의 가장 자랑스러운 대목에 속한다.

천문학을 비롯하여 여러 과학 분야에 관심을 보였던 세종은 앙부일구, 현주일구, 전남일구, 천평일구 등 여러 가지 해시계를 만들었고, 유명한 장영실에게는 자격루라는 교묘한 물시계를 만들게 했다. 이들 해시계 가운데 앙부일구와 물시계인 자격루는 우리가 아주 많이 자랑해도 좋은 훌륭한 것이었다.

앙부일구는 솥 모양으로 오목하게 만들어낸 해시계이다. 여기서 시침, 즉 시계바늘이 북극을 향해 비스듬히 세워져 있고 그 그림자가 움직이는 데 따라 시간을 알 수 있는 것이다.

그런데 여기에는 시간을 나타내는 세로 줄 이외에도 13개의 가로 줄이 있다. 제일 바깥 줄은 그림자가 제일 길 때인 동짓날 바늘 그림자가 따라갈 줄이며, 반대로 제일 안쪽 줄은 하지 때의 줄이다. 가운데 11줄은 각각 24절기의 2절기씩을 나타내준다. 13개의 가로 줄은 바로 24절기의 해 그림자가 따라갈 줄을 보여 주는 것이다.

24절기란 곧 양력 날짜를 뜻하는 셈이니까 양부일구의 그림자만 들여

앙부일구

자격루

다보면 오늘이 양력으로 언제쯤이고, 시간은 언제라는 것을 금방 알 수 있는 '날짜가 표시된 시계'가 앙부일구였던 셈이다.

세종은 앙부일구를 만들어 지금 서울의 종로1가에 있던 다리 위에 놓아두고 지나는 사람들이 시간을 알 수 있게 해 주었다. 또 같은 해시계가 지금의 종로3가 종묘 앞에도 놓여 있었다.

같은 세종 때 장영실이 만든 물시계 자격루도 여간 자랑스러운 것이 아니다. 일정한 시간만 되면 구슬이 떨어지고 그 구슬이 다른 구슬을 흘러내려 주어 인형이 나타나고 종과 북과 징이 울리게 되어 있었다.

사람의 손을 빌리지 않고도 흐르는 물의 힘으로 시간을 알 수 있게 만든 자격루는, 장영실이 직접 만든 것이 지금 전해지지는 않는다.

1536년(중종 31)년에 다시 만든 것이 물통만 남아 지금 궁중유물전시관에 보관돼 있는 것이다. 이것이 바로 국보 229호로 지정된 물시계이고, 또 그전부터 이미 우리의 1만원짜리 돈에 그려져 있는 모양이다.

11_태양력에서 그레고리력까지

태양력과 태음력

우리는 짧은 시간을 재기 위해서는 시계를 쓰고 긴 시간을 재는 데는 달력을 이용한다. 짧은 시간에 초, 분, 시간 같은 차이가 있듯이 긴 시간에는 날, 달, 해가 있다. 날, 달, 해는 한자로는 '日', '月', '年'으로 나타낸다.

이런 말을 살펴보더라도 금방 알 수 있는 사실은 달력의 기준이 되는 시간 단위는 모두 하늘에 있는 해와 달과 관계가 있다는 점이다. 호랑이 담배피던 먼 옛날부터 사람들은 해와 달의 운동을 보고 긴 시간의 단위를 알게 되었다는 것을 짐작할 수 있다.

우선 날짜가 가는 것은 한번 해가 떴다가 지고 다시 떠오르는 것을 보고 따졌다. 해의 움직임은 또 1년, 2년을 따지는 기준이 되기도 했다. 여름이면 정오에 해가 높이 뜨지만 겨울이면 해는 아주 낮게 뜨기 마련이다. 정오에 해의 높이가 제일 낮은 때를 우리는 동지라 부른다. 동지에서 다음 동지까지가 1년이 된다.

아주 옛날에 동짓날을 설날로 삼았던 것은 이 때문이다. 지금까지 동짓날에 쑤어 먹는 팥죽 속의 새알심을 나이 수대로 먹고 나이를 한 살 더 먹는다고 따지는 풍습이 남아 있는 것도 이 때문이다.

그런데 달력을 만드는 방법에는 예로부터 세 가지가 있었다. 즉 해의 운동만을 따져 만드는 방법, 달의 운동만 기준 삼은 방법, 그리고 해와 달의 운동을 함께 생각해서 만드는 방법 등이 그것이다. 지구가 운동하지 태양이 무슨 운동을 하느냐고 따질 사람도 있겠지만, 달력 만드는 계산에는 어느 쪽을 기준으로 해도 상관이 없다.

해의 운동을 기준 삼은 달력이 곧 태양력이고 이것을 줄여 양력이라고 부른다. 우리 조상들은 해를 '으뜸가는 양' 즉 태양(太陽)이라 불렀고, 달을 '으뜸가는 음'이라 하여 태음(太陰)이라 불렀다. 따라서 달의 운동만을 기준으로 한 달력은 태음력 또는 음력이라 부를 수 있다. 그런데 달력에는 달의 운동에 해의 운동을 함께 생각해 만든 것도 있어서 이것은 태음태양력이 된다.

우리가 지금 쓰고 있는 달력은 양력이라 부른다. 그리고 우리 조상들이 써 오던 것은 음력이라 알려져 있다. 지금도 달력의 날짜 바로 아래 작은 글씨로 음력 날짜를 표시하는 것은 잘 알려진 일이다. 그렇다고 우리 선조들이 써온 달력이 달의 운동만을 기준으로 만들어졌었느냐 하면 그렇지는 않다. 사실은 우리 조상들의 달력은 태음태양력이었는데 우리는 이것을 그냥 음력이라 부르는 것이다.

고대 이집트의 태양력

원래 옛날의 문명 가운데 태양력을 주로 발달시켜 온 곳은 이집트였다. 고대의 이집트 사람들은 1년의 길이를 무조건 365일로 정해두고 지내기도 했다고 한다.

사실은 365일 5시간 48분 46초라니까 거의 6시간을 짧게 잡아 썼던 셈이다. 이런 방식으로 날짜를 계산한다면 해마다 설날이 6시간씩 빨라진다고 말할 수 있다. 이렇게 나가다가는 360년이 지나면 설날의 계절이 바뀔 판이다. 4년이면 하루 빨라질 것이고, 40년이면 10일, 120년이면 한 달, 300년이면 3개월 빨라질 테니까 말이다.

설날이 자꾸 옮겨간다 해도 작은 문제는 아니지만 조상의 제삿날이

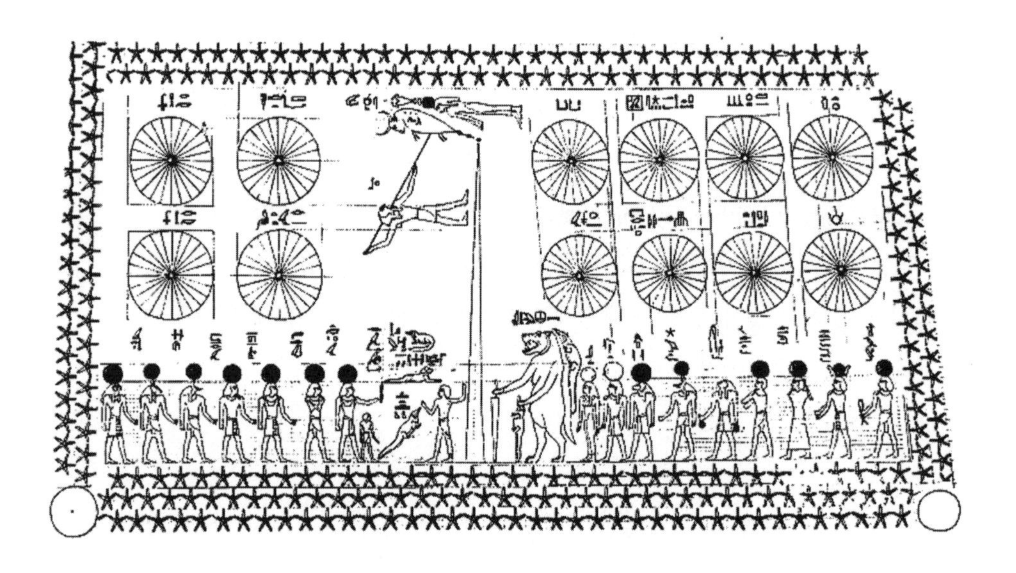

봄에서 여름으로, 그리고 가을로 옮겨간다는 것은 끔찍한 일이 아닐 수 없다. 여러분은 크리스마스가 몇 백 년 뒤에 봄으로 옮겨진다면 어떨까 하고 생각해 보면 될 것 같다.

이런 이상한 일을 없애려고 양력을 고친 사람은 로마의 황제로 유명한 줄리어스 시저였다. 그 후 1600년 동안 서양에서 쓰인 '율리우스 달력'은 4년마다 하루를 더 넣어주는 방식이었다. 이집트 달력에 비해 훨씬 좋은 것은 사실이지만 이것 역시 1600년이나 쓰자 문제가 생겼다. 1년의 길이를 실제보다 11분 남짓 길게 잡은 셈이기 때문에 그것이 10일 이상의 차이를 만들었던 것이다.

1582년 로마 교황 그레고리 13세는 양력을 다시 고쳐, 4년에 하루를 더 넣되 서기로 쳐서 그해가 100으로 나머지 없이 나눠지면 그냥 평년으로 하고 400으로 나눠질 때는 윤년으로 하자는 방법이었다. 이것이 우리가 지금 쓰는 '그레고리 달력'이라는 양력이다. 이제 이런 방식을 쓰면 앞으로 몇 천 년쯤이 지나도 계절이 바뀔 리는 없다.

그렇다고 양력이 대단히 훌륭한 달력이라고는 말할 수 없다. 아니 오히려 지금 우리가 쓰고 있는 양력은 음력보다 훨씬 잘못된 부분이 많은 달력이라고 할 수 있다. 전세계가 양력을 쓰고 있고 우리가 서양의 영향을 받아 최근의 역사를 만들어 가고 있기 때문에 할 수 없이 우리나라도 1895년부터 양력을 중심으로 쓰고 있지만 양력에는 고쳤으면 좋을 부분이 많은 것이다.

우선 양력에 있는 '달(月)'이란 참 엉터리라는 것을 누구나 당장 알아차릴 수 있다. 원래 달이란 말 그대로 달의 움직임을 기준으로 생긴 것이다. 그렇다면 한 달의 길이는 29일이나 30일이 되어야 할 텐데도 양력의 한 달은 30일이나 31일이다. 양력의 '달'이란 하늘의 달과는 아무 상관 없이 그저 편리하라고 만들어 둔 것이다.

그런데 이왕 편리하자고 만드는 것이라면 1월부터 12월까지 모든 달의 길이를 똑같이 해 주는 것이 옳을 것이다. 그런데 양력에는 28일인달이 있는가하면 31일인 달도 있다. 또 7월과 8월은 연달아 31일씩이나 된다.

이것은 무슨 편리상 그리 된 것이 아니라 로마 황제 줄리어스와 그 조카 아우구스투스를 기념하여 그들이 난 달에 그들의 이름을 붙여주고 이왕이면 하루라도 기념 기간을 길게 하려고 31일씩으로 만들었기 때문이다. 우리 한국 사람이 무슨 상관이 있다고 로마 황제를 위해 더운 7월 8월을 더 길게 느껴야 한다는 것일까.

원래 양력에서는 새해의 시작을 봄으로 잡았었다. 말하자면 3월이 새해의 시작이 되어야 마땅한 것이다. 그것이 어쩌다가 2개월 밀려 지금 같은 양력이 되어 버렸다.

그 결과 원래 연말에 하루를 더 넣었던 것이 지금은 2월 끝에 하루를 넣었다 뺐다 하는 이상한 달력이 되어 버린 것이다. 홀수 달(1, 3, 5, 7, 9, 11)을 30일로 하고 짝수 달(2, 4, 6, 8, 10)을 31일로 한 다음 평년에는 12월을 30일로 하고 윤년에는 12월 31일로 하면 얼마나 좋을까 라고 나는 생각한다. 그래서 이렇게 만든 달력을 〈박성래 달력〉이라 부른다. 아직 세상 사람들이 〈박성래 달력〉을 따르지는 않고 있지만…. 세계가 서양 중심으로 움직이게 되어 우리도 어쩔 수 없이 양력을 쓰고는 있지만 그것은 우리 조상들의 음력보다 훨씬 비과학적이라 할 수가 있다.

달과 해의 운동을 함께 이용한 태음태양력

앞서 말한 양력 이야기만으로도 서양 사람들이 발달시켜 온 양력이 얼마나 잘못된 구석이 많은지 짐작했을 것이다. 이에 비하면 우리 선조들이 써 온 음력은 훨씬 과학적이고 이치에 맞는 달력이었다. 우리가 지금 그냥 '음력'이라고 하지만 그것은 그저 편하게 부르는 이름일 뿐 사실은 '태음태양력'이 본래 명칭이다.

'태음'이란 달을 가리키며 '태양'은 해를 가리키는 말이니 이 달력은 달의 운동과 해의 운동을 함께 이용한 달력임을 알 수가 있다.

사실은 달의 운동만을 기준으로 한 '순음력'도 없지는 않다. 태양 운동을 완전히 무시한 채 달의 운동에만 맞게 만든 이 달력은 아직도 아라비아 지방에서는 제사 지내는 데 사용된다고 한다.

하지만 인류 역사상 가장 널리 이용된 것은 해의 운동만을 기준으로 한 양력과 달과 해의 운동을 함께 나타낸 음력의 둘이었다. 그리고 음력은 우리 동양 여러 나라에서만 쓰인 것으로 생각하기 쉽지만 사실은 서양 고대 문명의 하나인 바빌로니아에서는 양력이 아니라 음력을 썼다. 바빌로니아, 중국, 우리나라가 모두 음력을 썼던 것이다.

음력은 달과 해의 운동을 함께 기준으로 쓰기 때문에 양력보다 훨씬 복잡하다. 양력에서는 한 달을 실제 달의 운동과는 아무 상관도 없는 기간으로 그저 편의상 만들어 쓰고 있다. 그래서 한 달이 28일에서 31일까지 왔다 갔다 한다.

그러나 음력에서는 실제 달의 움직임을 기준으로 한 달이 정해진다. 달이 가장 둥글게 되는 날을 '보름'이라 하고, 이것을 한자로는 망(望)이라 했다. 그 반대 즉, 달이 없어졌다 나타나려는 때가 '초하루' 즉 삭(朔)이 되는 것이다.

지금이야 한밤중이라도 대낮같이 밝게 지내고 있지만 전기도 없고 연료도 아주 부족했던 옛날에는 밤에 어떤 달이 뜨느냐를 금방 아는 것이 아주 중요했다. 또 달의 모양에 따라 바다의 조수가 달라지기도 했으니까 바닷가 사람들에겐 더욱 달의 모양을 금방 아는 일이 필요했으리라. 음력은 이런 점에서 아주 편리한 것이었다. 날짜만 알면 당장 그날 밤의 달 모양을 알 수 있었던 까닭이다. 양력을 가지고는 달 모양을 아는 것이 불가능하다.

이처럼 음력은 달의 모양을 아는 데는 편리하지만 1년의 길이를 맞추기에는 어려움이 많았다. 무엇보다도 우선 1년을 몇 달로 하느냐가 아주 어려운 문제였다. 1달의 길이는 29일과 30일을 번갈아 쓰면 쉽게 해결되었지만 1년의 길이는 그리 쉽지 않았다. 12달로 하자니 너무 짧고, 13달로는 너무나 길었기 때문이다. 어쩔 수 없이 음력에서는 1년을 12달, 또는 13달로 번갈아 쓰고 있다.

또 지금부터 2천 5백년도 더 전부터 바빌로니아 사람들이나 중국 사람들은 이걸 계산하는데 19년의 주기를 쓰면 좋다는 것을 알아내고 있었다. 19년 가운데 12년을 평년으로 하여 12개월로 하고, 7년은 윤년으로 해서 13개월로 하면 되었다. 이 방식을 서양에서는 메톤이란 학자가 처음 알아냈다 해서 '메톤 주기'라고 불렀다. 똑같은 것이 동양에서는 '장법'이라 알려져 있다.

따라서 음력의 날짜로는 계절을 정확하게 알 수는 없다. 음력의 날짜란 원래 달의 모양을 알기 위한 것이었지 계절에 맞도록 돼 있지 않기 때문이다. 그러니까 당연히 설날도 해마다 똑같은 계절에 찾아오지 않는다. 음력설은 입춘 전 15일이나 후 15일 사이에 시작되는 음력 초하루에 해당한다. 양력으로 치면 2월 4,5일이 입춘이니까 음력설은 양력으로는 1월 20일부터 2월 20일 사이에 들게 된다는 것을 알 수 있다.

원래 음력에서는 새해의 시작을 동지로 생각했다. 동지는 해의 그림자가 제일 길어졌다가 다시 짧아지는 날로서, 1년 중 해가 가장 밑으로 떨어졌다가 다시 올라가기 시작하는 날이다.

태양의 운동을 기준으로 본다면 동지야말로 새해가 시작되는 날이라기에 가장 좋은 날임이 분명했다. 실제로 우리 선조들은 동지를 설날 비슷한 것으로 생각했던 것 같다. 동지에는 팥죽을 쑤어 먹는데 거기에 들어 있는 새알심을 자기의 나이만큼 먹고 나이가 든다는 이야기가 있다.

또 예로부터 음력에서는 12달을 자(子), 축(丑), 인(寅), 묘(卯) 등 12지를 써서 나타내기도 했는데 동짓달을 자월로 했다. 동짓달이 새해의 첫 달이었음을 보여 준다. 또 우리나라에서도 통일 신라 때인 695년부터 5년 동안 동짓달 초하루를 설로 했던 일도 있다.

그러나 동짓달을 새해 첫 달로 한다면 새해 첫 계절이 너무나 추울 것이다. 봄이 시작한다는 날인 입춘 전후를 설로 삼게 된 것은 이 때문이었다.

우리 선조들의 달력에 있는 입춘, 우수, 경칩 등 24절기는 음력에 들어 있으니까 그저 음력이거니 짐작하는 수가 많다. 하지만 24절기는 음력 속의 양력인 셈이다.

24절기는 달의 운동을 기준으로 정한 것이 아니라 해의 움직임을 기준으로 만든 것이다. 절기 하나 하나가 모두 양력 날짜에 거의 틀림없이 맞아 돌아가는 까닭은 그것이 음력이 아닌 양력이기 때문이다. 음력에서 날짜란 달의 운동을 알기 위한 것이었고, 24절기란 해의 운동 즉 계절에 맞도록 되어 있었던 것이다.

토정비결을 비롯한 갖가지 미신에 이용된다 해서 음력을 미신적이고 비과학적인 달력이라 지레 짐작하는 수가 있다. 하지만 그것은 옛날 우리에게는 양력이 없었으니까 모든 미신이 당연히 그 당시 사용되던 음력에 맞춰 발달했을 뿐이지 음력 자체가 미신적이었기 때문이 아니다. 양력은 태양의 운동만을 나타내 주지만 음력은 해와 달의 운동을 모두 나타내 주는 훌륭한 달력인 것이다.

12_ 인류 최고의 과학자 뉴턴

인류 역사상 가장 위대한 과학자

충남 대덕에는 지금 여러 연구소들이 들어서 있고 많은 과학자, 기술자들이 연구에 여념이 없다. 이 연구소들 중 한국표준연구소라는 기관이 있는데 이 연구소 마당 한가운데에는 '뉴턴의 사과나무'가 있다. 뉴턴이 젊었을 때 나무에서 떨어지는 사과를 보고 만유인력의 법칙을 발견했다는 이야기는 전 세계에 모르는 사람이 거의 없을 만큼 유명하다. 바로 그 사과나무의 손자가 우리나라에서 자라고 있는 것이다. 뉴턴은 인류의 역사상 가장 위대한 과학자로 꼽아도 좋을 만큼 뚜렷한 업적을 남겼다.

18세기 프랑스의 대표적 사상가였고 문필가였던 볼테르는 이렇게 뉴턴을 평가한 적이 있다. '인류는 모두 장님이었다. 케플러에 의해 인류는 처음으로 한쪽 눈을 뜨게 되었고 뉴턴에 의해 인류는 비로소 두 눈을 다 뜨게 되었다'고. 볼테르의 이 말은 인류를 어둠으로부터 해방시켜 준 것이 바로 뉴턴이라는 뜻이다.

뉴턴

[Newton, Isaac, 1642~1727] 영국의 물리학자 · 수학자. 17세기 과학혁명의 상징적인 인물이다. 광학 · 역학 · 수학 분야에서 뛰어난 업적을 남겼고, 수학에서 미적분법 창시, 물리학에서 뉴턴 역학의 체계 확립, 이것에 표시된 수학적 방법 등은 자연과학의 모범이 되었다.

어떻게 과학자가 인류에게 그런 일을 해 주었다는 말일까? 많은 서양의 사상가들은 중세 동안 서양 사회는 너무나 심한 종교의 속박 속에서 인간의 자유로운 생각이 억압받았다고 믿고 있다. 이런 종교의 억압에서 인간을 해방시켜준 것이 과학이고 그 과학의 대표적 인물이 뉴턴이라는 것이다. 그러면 왜 뉴턴의 만유인력의 법칙이 그렇게 대단한 업적이라고 칭송을 받는 것일까?

'만유인력의 법칙' 발표

아이작 뉴턴은 1642년의 크리스마스에 영국 링컨셔의 어느 농가에서 유복자로 태어났다. 그의 아버지는 그가 세상에 나오기 직전에 숨을 거두었다. 처음 태어났을 때 그의 몸뚱이는 하도 작아서 '과연 이렇게 작은 아이가 얼마나 살 수 있을까' 하고 어머니가 걱정했을 지경이었다.

그러나 뉴턴은 85살까지 장수를 누렸고, 또 일생 이렇다 할 병을 앓아 보지도 않았을 정도로 건강한 삶을 누렸다. 뉴턴은 평생 결혼을 하지 않은 채 홀로 산 것으로도 유명한데 거의 연애조차 해 본 일이 없는 것 같다.

그의 일생에 관한 재미있는 이야기라면 그의 건망증을 빼놓을 수 없다. 뉴턴은 정신없던 것으로 유명하다. 하루는 친구를 저녁에 초대해 놓은 채 깜빡 잊고 연구실에서 일에 몰두하고 있었다.

기다리다 지친 그 친구는 가정부가 차려 놓은 저녁을 몰래 혼자 먹어 치우고 그냥 상보를 덮어 두었다. 잠시 뒤 연구실에서 나온 뉴턴은 식탁보를 펴들었다. '아참! 우리가 저녁을 먹었지. 배가 출출한 것 같아 나는 아직 우리가 밥을 안 먹은 줄 알았네.' 물론 뉴턴은 아직 저녁을 먹지 않았던 것이다.

뉴턴의 이런 건망증이 그가 과학 연구에서 보여준 놀라운 집중력과 어떤 관계가 있는지는 확실히 말하기 어려울 것이다. 그러나 사소한 일에 대한 심한 건망증이 오히려 그의 정신력을 필요에 따라서는 한군데로 집중시킬 수도 있게 해 준 것이 아닌지 모르겠다.

케임브리지 대학을 다닐 때까지는 뉴턴은 그리 유별나게 똑똑한 사람으로 인정받지는 못했던 모양이다. 1665년 대학 졸업 때에 영국에는 무서운 기세로 전염병이 돌기 시작했다. 여름 3개월 동안에 런던의 인구 10분의 1이 목숨을 잃을 정도였다.

이 돌림병 때문에 케임브리지 대학은 18개월이나 되는 긴 방학에 들어갔다. 의학이 발달되어 있지 않던 당시로서는 전염병 앞에 별 수가 없었던 것이다. 바로 이 1년 반 사이에 뉴턴은 많은 것을 생각하고 여러 가지를 연구할 수가 있었다.

신문이나 방송도 없던 그 시절의 시골집에서 뉴턴은 매일 유리를 갈아 렌즈나 프리즘을 만들어 여러 가지 실험을 하거나 이것저것을 연구했다. 이 기간 동안 그는 일생 그가 이룬 업적의 대부분을 생각하게 되었다고 알려져 있을 만큼 이 방학은 아주 유용한 시간이 되었다.

그는 스스로 만든 프리즘으로 햇빛을 분해해 보고 다시 그것을 합쳐 보아 태양의 백색광은 그냥 백색광이 아니라 일곱 가지 빛깔의 광선이 모여진 것임을 알게 되었다.

뉴턴은 또 이 때에 이미 망원경에 대한 생각을 하고 있어서 역사상 처음으로 반사망원경을 발명하게 되었다. 그는 또 미분 적분학을 시작한 위대한 수학자로도 손꼽히는데 이 일도 이 기간 동안에 완성했다. 그의 만유인력의 법칙 역시 이 때에 이미 생각해내고 있었다는 것이다. 그가 23~24살 때의 일이다.

하지만 막상 그의 이런 발견이 세상에 알려지기 시작한 것은 훨씬 뒤의 일이다. 특히 그의 만유인력의 법칙은 1687년에야 완전한 형태로 발표된 것이다.

1684년의 여름 어느 날 우연히 천문학자 핼리를 만난 뉴턴은 그가 이미 천체 사이에 어떤 힘이 작용하고 있는지를 계산해냈다는 사실을 말하게 되었다. 이미 당시 과학자들은 천체 사이에는 무슨 힘이 작용하고 있다는 것은 알고 있었다. 단지 그 힘을 확실하게 수학적으로 계산해내고 또 그것을 이론적으로 설명하는 방법을 몰라 방황하는 중이었다.

뉴턴이 이미 이런 것을 알아내고 있다는 사실을 알게 된 핼리는 뉴턴을 재촉해서 그 결과를 발표하게 만들어 주었다. 핼리혜성을 발견한 바로 그 사람 핼리였다. 바로 그의 덕분에 1687년 뉴턴의 발견은 「자연철학의 수학적 원리」라는 책으로 출판되었다.

뉴턴의 반사망원경

우주를 보는 인간의 시야 넓혀

한마디로 말해서 뉴턴이 이 법칙으로 이룩한 업적은 갈릴레이가 땅 위에서 이룩한 업적과 케플러가 하늘에서 이룩한 업적을 묶어 하나로 통일한 것이었다.

갈릴레이는 피사의 사탑에서 물체를 떨어뜨리면 그것이 몇 초 뒤에 어떤 속도로 땅에 떨어질지를 계산할 수 있었다. 또 케플러는 천체가 하늘에서 타원 궤도를 그리며 돌 때 언제 어디로 가게 될는지 미리 정확히 계산해낼 수가 있었다.

하지만 갈릴레이의 지상 운동과 케플러의 하늘에서의 운동은 서로 다른 법칙에 따르는 것으로 알려졌을 뿐 그 사이에 무슨 관계가 있다고는 생각해 보지 못했다.

뉴턴은 바로 이 두 운동이 마찬가지라는 사실을 증명한 것이다. 지구의 둘레를 돌고 있는 달이나 땅에 떨어지는 사과가 두 가지 서로 다른 운동을 하는 것이 아니라 하나의 똑같은 운동을 하고 있다는 사실을 처음 알게 된 것이다.

뉴턴 이후에서야 비로소 사람들은 우주란 하늘에서나 땅에서나 마찬가지 법칙에 따라 움직이는 것이라고 알게 되었다. 그전까지 사람들은 달 저쪽의 세계와 지구에서 달까지의 세계는 아주 다른 것이라고 굳게 믿고 있었다. 서양 사람들에게는 그리스의 위대한 철학자이며 과학자였던 아리

과학자이야기

핼리

[Halley, Edmund, 1656~1742] 영국의 천문학자. 1682년 출현한 대혜성(大彗星)을 관찰, 그것을 1531년과 1607년에도 출현하였던 혜성의 회귀(回歸)라 주장하였고, 1705년 뉴턴의 역학을 적용하여 그 궤도를 산정하여 《혜성 천문학 총론》을 간행하였다. 그 후 그 대혜성을 핼리혜성이라고 불렀다.

스토텔레스의 말을 쉽게 잊을 수가 없었을 것이다. 아리스토텔레스에 의하면 이 세상은 지구에서 달까지의 세계와 달 저쪽의 우주 세계의 둘로 나눠 볼 수가 있다는 것이었다. 지구에서 달까지의 세계는 변화투성이의 세계였다.

여기에는 무게가 서로 다른 4원소가 있고 이것들이 서로 얽히고설켜서 이런 변화와 저런 운동을 일으킨다는 것이었다. 그러나 하늘의 세계는 아무 변화도 일어날 수 없는 완전한 세계라는 것이다. 하늘을 만드는 물질은 무게도 색깔도 냄새도 없는 그런 것, 즉 제 5원소로 만들어져 있고 거기에서는 모든 천체가 영원한 원운동을 거듭할 뿐이라는 것이었다.

하늘의 세계와 땅의 세계를 전혀 다른 것으로 보는 아리스토텔레스의 생각은 꼭 아리스토텔레스 한 사람의 주장만이 아니었고, 그리스 사람 대부분의 생각이었다는 쪽이 옳을 것이다. 여하간 중세까지의 서양 사람들은 이런 생각에서 벗어날 수 없었다.

또 우리는 지금 갈릴레이나 케플러를 아주 위대한 과학자로 떠받들고 있지만 사실은 이들조차도 하늘에서 일어나는 운동과 땅에서 벌어지는 운동을 똑같다고 생각해 본 일은 없었다. 갈릴레이마저도 하늘에서 일어나는 천체의 운동인 원운동은 당연하게 저절로 일어난다고 믿고 있던 판이었다.

만유인력의 내용

아이작 뉴턴에 의해 이제 하늘의 세계와 땅의 세계는 둘이 아니라 하나라는 것이 확실하게 증명되기에 이른 것이었다. 사과가 나무에서 떨어지는 것이나 달이 지구 둘레를 계속해서 도는 운동이 마찬가지라는 사실이 증명된 것이다. 말로는 이런 사실을 어떻게 설명할 수 있을까? 뚝 떨어져 버리는 사과와 계속해서 지구 둘레를 돌고 있는 달을 어떻게 같은 운동을 하는 셈이라고 말할 수 있단 말인가?

이 세상의 모든 물체 사이에는 인력이 작용하고 있다고 가정함으로써 뉴턴은 이를 깨끗이 설명할 수 있게 되었다. 즉 지구와 사과, 그리고 지

구와 달 사이에는 인력이 있어서 서로 일정한 힘으로 끌어당기고 있다는 것이다. 그 크기를 뉴턴은 두 물체의 질량의 곱에 비례하고 거리의 제곱에 반비례한다고 결론지었다.

그렇다면 왜 사과는 지구로 떨어져 버리는데 달은 그렇지 않은 채 지구 둘레를 계속해 돌고 있을까?

원래 아무 저항이 없다면 한번 운동하기 시작한 물체는 직선 방향의 운동을 계속하기 마련이다. 또 운동하지 않는 물체는 밖에서 힘이 작용하지 않는 한 그대로 가만히 있으려는 성질을 갖고 있다. 뉴턴은 이를 '관성의 법칙'이라 했다.

'가속도의 법칙', '작용과 반작용의 법칙'과 함께 〈운동의 3법칙〉이라 알려진 것이 바로 이것이다. 갈릴레이만 해도 달이 지구 둘레를 원운동하는 것은 저절로 일어나는 운동, 즉 관성 운동이라 생각하고 있었다. 그러나 뉴턴은 관성 운동은 직선으로 작용한다고 주장하여 갈릴레이의 잘못을 고쳐 준 셈이다.

원래 달은 지구에서 멀리 직선으로 달아나려는 힘을 가지고 있다. 그런데 지구의 인력 때문에 지구로부터 달아나지 못하고 지구 둘레를 돌고 있는 것이라고 뉴턴은 달의 운동을 잘 설명해 주게 되었다. 이와는 달리 사과에는 지구로부터 달아나려는 힘 따위는 없다. 그래서 사과는 그냥 땅으로 떨어진다.

그렇다면 만약 사과에다 지구로부터 달아나려는 힘을 옆으로 힘껏 더해 준다면 어떻게 될까? 사과도 마치 달처럼 지구에 떨어지지 못한 채 지구 둘레를 영원히 돌게 할 수도 있을 것이 아닌가? 옳은 말이다.

지금 우리의 지구 둘레에는 수많은 사과들이 쉬지도 않고 돌아가고 있다. 물론 그들은 정확히 말하자면 사과가 아니라 인공위성이지만…….

우주는 하나의 법칙을 따르는 하나의 세계임이 밝혀졌다. 또 우주를 움직여 주는 법칙을 인간은 이해할 수 있고 또 발견할 수도 있다는 자신감을 가지게 되었다. 그러기 위해 우리 인간에게 필요한 것이 있다면 그것은 인간의 이성(理性), 즉 생각하는 능력뿐이었다.

서양의 역사에서는 18세기를 '이성의 시대'라고 부르는데 그 까닭은 바로 여기에 있다. 뉴턴은 인간의 이성을 해방시켜 준 위대한 인물로 여겨졌고, 그럼으로써 그는 인간을 어둠으로부터 해방시켜 준 은인이라고도 여겨졌다. 영국의 이름난 시인 알렉산더 포우프는 '뉴턴의 무덤에 바치는 노래'라는 시에서 이렇게 읊었다.

자연 그리고 자연의 법칙은 어둠 속에 감춰져 있었네.
바로 그때 하나님이 말씀하셨네,
"뉴턴을 나오게 하라"……
그러자 모두가 광명이어라.

13_ 현대의학의 기초가 된 해부학과 생리학

해부학의 출발

1543년은 흔히 '과학 혁명'이 시작된 해라고들 말한다. 이 해에 코페르니쿠스의 지동설이 책으로 출판되었기 때문이다. 그런데 바로 이런 연유로 유명한 1543년은 또 다른 뜻에서도 과학의 역사에 잊지 못할 해라고 기록되어 있다. 근대 해부학의 시작을 알리는 새로운 해부학 책이 바로 같은 해에 베살리우스에 의해 출판됐기 때문이다.

두말 할 것도 없이 해부학은 의학의 가장 기본이 되는 분야라 할 수가 있다. 그것은 사람의 몸이 어떤 얼개를 가지고 있는가를 밝히는 학문이다. 인체의 구조를 제대로 알지 못한 채 사람의 병이 어떻게 생기며 그것을 어떻게 고칠 수 있을까를 제대로 알기란 어려울 것이다.

그래서 해부학은 동양에서는 거의 발달한 일이 없다. 우리 조상들은 '우리 몸의 어느 한 부분이라도 그것은 어버이로부터 얻은 것이어서 함부로 해칠 수 없는 법'이라고 말하고 있었다. 비록 시체일망정 거기에 칼을 댄다는 것은 용서받을 수 없는 나쁜 일처럼 여겨졌다.

이와는 달리 옛날 서양에서는 시체를 해부하는 일은 그리 나쁘다고는 여겨지지 않았다. 아리스토텔레스 같은 그리스의 과학자는 여러 가지 동물을 해부하여 그의 동물학 연구에 크게 공헌한 것으로 알려져 있고, 그리스의 의학자들도 시체 해부만은 조금 했던 것으로 밝혀져 있다.

그리스 사람들은 아주 멋진 인체의 조각을 남긴 것으로도 유명한데 사실은 그들이 이렇게 인체를 잘 묘사할 수 있었던 원인의 하나는 그들이 인체 해부를 통해 인체의 구조를 잘 알았기 때문이라는 것이다.

이렇게 발달하기 시작한 해부학은 로마 이후 중세 동안 서양에서 더 발달하지 못했다. 인체의 해부가 금지되었기 때문이었다. 중세 동안 아랍 사람들은 서양의 그리스 문명을 받아들여 아랍 말로 번역하고 과학을 크게 발달시켰다. 그렇지만 이슬람 종교는 사람의 모양을 그림으로 그리는 것을 금지하고 있었다. 결국 해부학은 이슬람 세계에서도 발달하기 어려운 일이었다.

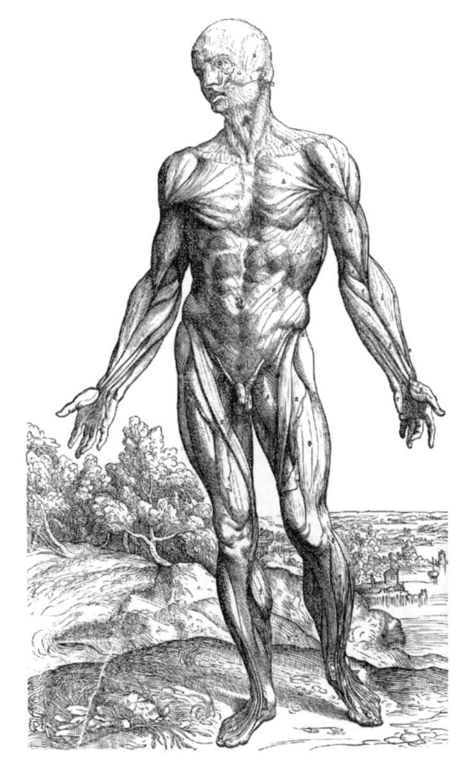
「인체 구조에 대하여」에 실린 해부도.

르네상스 시대에 크게 발달

시체의 해부가 다시 시작된 것은 서양에서 학문이 다시 발달하기 시작한 13세기 이후의 일이었다. 특히 르네상스라는 시대가 시작되면서 이탈리아를 중심으로 학문과 예술이 크게 일어나기 시작하면서 의학도 다시 발달한 것이다.

결국 15세기에는 교황이 정식으로 해부를 인정하기에 이르렀고 이탈리아의 빠도바 대학과 볼로냐 대학은 특히 의학으로 유명한 곳이었다.

원래 벨기에 출신의 안드레아스 베살리우스(1514~ 1564)는 바로 빠도바 대학에 유학하여 의학을 공부하고 그곳의 교수가 된 사람이다. 그가 1543년 출판한 「인체구조에 대하여」라는 해부학 책은 그때까지 잘못 알려져 있던 인체의 구조 여러 부분을 새로 정확하게 알려주었을 뿐 아니라 그것을 다른 어느 해부학 책보다 정확하고 아름답게 그려 놓았다.

베살리우스

[Vesalius, Andreas, 1514~1564] 벨기에의 해부학자. 근대 해부학의 창시자이다. 인체에 대한 자세한 해부학적 묘사로 생물학과 의학의 연구에 혁명을 일으켰다. 그 자신이 직접 해부했을 때 관찰한 것을 기초로 해부학에 관한 최초의 포괄적인 교과서를 쓰고 삽화를 넣었다.

게다가 그 많은 해부도는 때 마침 발달하기 시작한 인쇄술 덕분에 어느 책보다 좋게 인쇄되었다는 점도 이 책을 유명하게 하는 데 도움이 되었다. 당시 의과대학에서는 학생들에게 해부학을 가르치고 있었는데 교수는 강의만 하고, 시체를 해부해서 학생들에게 보여주는 일은 전문 조수가 맡고 있었다. 이런 방식으로는 해부학 교수는 인체

구조를 거의 모른 채 말로만 학생을 가르칠 수도 있는 일이었다.

베살리우스 이후에는 이런 엉터리 해부학 교수는 없어지게 되었다.

생리학의 발달

해부학과 더불어 가장 기초적인 의학의 한 분야는 생리학으로서 인체의 각 부분이 어떤 작용을 하며 또 어떻게 서로 연관되어 있는가를 연구하는 분야이다.

아주 옛날부터 사람들은 피가 심장에서 온 몸에 퍼진 다음에는 몸의 각 부분에 영양을 공급하고 사라진다고 믿어 왔다. 아무도 동맥으로 온몸에 퍼진 피가 모세혈관을 거쳐 정맥으로 다시 모여 심장으로 되돌아온다는 사실을 짐작도 못했다. 오죽하면 사람들의 동맥과 정맥은 서로 상관없이 다른 것을 우리 몸에 배급해 준다고 설명되었던 판이다.

베살리우스로부터 거의 1세기가 지난 1628년 영국의 의학자 윌리엄 하비는 「심장과 피의 운동에 대하여」라는 짤막한 책을 써서 처음으로 피가 온 몸을 돌고 있다는 사실을 발견해냈다. 베살리우스가 배우고 가르쳤던 이탈리아의 빠도바 대학에 유학하여 의학을 공부하고 영국으로 돌아와 존왕의 시의를 한 일도 있는 그는 아주 간단한 방법으로 혈액 순환을 발견하여 생리학의 새로운 발달에 주춧돌을 마련한 것이다.

여러 동물의 심장 동맥에서 뿜어내는 피를 1분이나 2분 동안 그릇에 받아 본 그는 그로부터 하루 종일 그 동물이 동맥을 통해 온몸에 공급할 피의 분량은 자기 몸의 부피보다 몇 배나 된다는 사실을 알아낸 것이다.

윌리엄 하비

[Harvey, William, 1578~1657] 영국의 의학자 · 생리학자. 혈액순환의 본질과 심장의 펌프 작용을 분명히 밝힘으로써 명성을 얻었다. 생물학과 다른 학문 분야에 적용할 수 있는 연구 방법을 확립하여 후대에 남겼다.

이 세상의 어느 동물도 하루에 자기 몸의 부피보다 몇 배나 되는 물을 마시는 일은 없다. 심장에서 뿜어내는 피가 모두 몸에서 흡수되고 나머지는 배설된다는 그 전까지의 생각이 잘못된 것은 너무나 분명했다. 아직 현미경이 없었던 하비는 모세혈관을 통해 피가 동맥에서 정맥으로 흐르는 것을 확인하지는 못했다. 그보다 한참 뒤인 1661년 말피기에 의해 모세혈관이 발견되었다.

베살리우스와 하비의 노력에 의해 의학은 그 근대적인 틀을 얻을 수 있게 되었다. 기초 의학의 핵심을 이루는 해부학과 생리학이 새로운 발달의 길에 접어들었기 때문이다.

14_과학 발전의 초석, 망원경과 현미경의 발명

망원경의 발명

과학이 크게 발달하기 시작하자 17세기부터 여러 가지 편리한 도구들이 나와 과학 발달을 돕기 시작했다. 망원경 · 현미경 · 온도계 · 습도계 · 기압계 · 공기 펌프 등이 잇따라 나왔고 지금은 누구나 아주 정밀한 것을 차고 다니게 된 시계도 막 발달하기 시작했다. 과학은 정확한 관찰과 자세한 실험을 통해서만 발달할 수 있는데 이를 위한 도구들이 여러 가지 나타나기 시작한 것이다. 이 가운데 가장 중요한 것으로는 망원경과 현미경을 들 수 있다.

망원경이 처음 만들어진 것은 1608년쯤이었다. 네덜란드 사람 한스 리퍼셰이가 망원경의 발명자로 알려져 있기는 하지만 정말로 망원경을 만들고 유용하게 이용한 사람은 갈릴레오 갈릴레이(1564~1642)였다. 네덜란드 사람이 렌즈 두 개를 통 속에 넣고 그 길이를 조절함으로써 먼 것을 가까이 볼 수 있었다는 소문을 들은 갈릴레이는 곧 자기도 그걸 만들었고 그렇게 만든 망원경으로 하늘을 관찰했다.

정말 하늘의 세계는 그 전까지 알려졌던 것보다 훨씬 신기한 세상이었다. 달을 본 갈릴레이는 깜짝 놀랐다. 매끈한 표면이라고 믿었던 것과는 달리 달은 지구 못지않게 울퉁불퉁한 모양이었다. 완전한 천체라고 여겼던 태양에는 검은 점(흑점)이 박혀 있었고 그것이 돌고 있다는 것을 알 수 있었다. 또 목성에는 하나도 아닌 네 개나 되는 달이 있어 그 둘레를 회전하고 있음을 알게 되었다.

그전까지 사람들은 우주는 하늘의 세계와 땅의 세계로 나눌 수 있고, 지상의 세계는 여러 변화가 일어나는 불완전한 세계지만 하늘의 세계는 완전무결하여 이따위 이상한 변화가 있을 수는 없다고 믿겨져 왔었다. 갈릴레이의 망원경은 여러 사람들에게 도저히 믿을 수 없는 별 세계의 모양을 알려준 것이었다.

갈릴레이의 망원경
(1609년에 제작)

남 앞에서 자랑하기를 즐겨했던 갈릴레이는 시청 옥상에 망원경을 설치하고 많은 사람들에게 바다 멀리 떠 있는 배를 구경하게 하거나 밤이면 별을 관찰하게 했다. 또 태양의 흑점을 보여 주기도 했다.

교황청의 어느 추기경은 갈릴레이가 망원경 통 안에 무슨 장치를 해서 흑점이 있는 것처럼 속이고 있다고까지 주장했다. 그러나 다른 사람들은 대개 갈릴레이의 발견을 믿고 그전까지의 우주관에 잘못이 있었다고 느끼기 시작했다. 갈릴레이는 「별에서 온 사신」이란 책을 써서 망원경으로 발견한 사실을 공개했다.

지금 따지고 보면 갈릴레이의 망원경이란 참 유치하기 짝이 없는 것이었다. 아직 빛이 굴절할 때 일어나는 색수차를 없애고 렌즈를 만들 줄 몰랐기 때문에 배율이 큰 망원경을 만들 수 없었다. 그러나 그런 문제는 시간이 지나며 해결되어 갔고 게다가 1668년에는 아이작 뉴턴에 의해 반사 망원경도 발명되었다. 대물렌즈 대신 오목거울을 쓰는 반사 망원경은 갈릴레이 방식의 굴절 망원경보다 훨씬 좋아서 그 후의 망원경 발달에 큰 몫을 했다.

현미경의 발명

현미경의 발명자는 꼭 누군지 몰라도 그 업적은 1650년 이후 반세기 동안 여러 나라에서 활발하게 일어났다. 본격적인 현미경 학자에는 우선 갈릴레이의 동포인 마르첼로 말피기가 있다. 볼로냐 대학을 나와 모교의 의학 교수로 있던 그는 1660년에 아주 중요한 발견을 해냄으로써 유명한 인물이 되었다. 개구리의 허파에서 모세혈관을 처음 발견해낸 것이었다.

1628년에 영국의 윌리엄 하비는 혈액 순환을 주장했다. 말피기는 바로 동맥과 정맥을 이어 주는 모세혈관의 존재를 현미경으로 확인해 줌으로써 근대 의학의 혁명을 완수하는 데 한 몫을 한 것이다.

그의 이름은 오늘날 생물학에 '말피기 소체' '말피기 관' 등으로 남아 있다. 특히 '말피기 관'

과학자이야기

말피기

[Malpighi, Marcello, 1628~1694] 이탈리아의 생리학자, 현미경 해부학의 창시자. 생물의 연구에 필요한 실험방법을 개발하여 미시해부학(微視解剖學)의 과학적 기초를 마련했다. 개구리의 폐와 방광을 현미경으로 관찰하여 모세혈관 내의 혈행을 발견하고, 동맥에서 정맥으로의 이행을 관찰하여 혈액순환론을 완성하였다.

이란 그가 누에를 처음으로 해부하여 발견한 것으로 그는 누에처럼 아주 작은 곤충의 내장을 아주 간단한 것이라 짐작하고 있었으나 그것이 상당히 복잡한 구조를 갖고 있음에 놀랐다. 그는 또 곤충의 숨구멍을 처음으로 확인하기도 했다. 말피기는 또 여러 식물을 현미경으로 조사하여 많은 발견을 해내기도 했다.

레벤후크

[Leeuwenhoek, Antonie van, 1632~1723] 네덜란드의 현미경학자 · 박물학자. 상업에 종사하면서 렌즈연마술 · 금속세공술 등을 익혀 확대율 40~270배의 현미경을 만들었다. 자신의 현미경으로 원생동물 · 미생물 등을 관찰하여 육안으로는 볼 수 없는 생물이 있음을 밝혔다.

그러나 현미경의 시대를 활짝 열어준 대표적 인물을 하나만 들라면 안톤 반 레벤후크일 것이다. 네덜란드 델프트시에서 태어난 레벤후크는 91세까지의 긴 일생을 한결같이 유리를 갈고 닦아 좋은 렌즈를 만들고 그 렌즈로 온갖 미세한 세계를 관찰하는 데 전념했다.

그가 일생 동안 만든 렌즈는 모두 419개였다고 알려졌다. 그 가운데에는 지름 5mm도 안되는 작은 것도 많았다. 그는 그가 갈아서 만든 이런 렌즈를 천재적으로 활용하여, 썩은 물속에서는 많은 미생물을 발견했고 처음으로 적혈구를 찾아냈으며, 모세혈관과 정충을 관찰하였고 1683년에는 역사상 처음으로 박테리아를 발견하여 그 그림을 그려 남겼다.

말피기, 레벤후크 그리고 현미경 관찰 결과를 1665년 훌륭한 책으로 써낸 로버트 훅(1635~ 1703) 등을 역사에서는 '고전

로버트 훅이 제작한 현미경(1665년 제작)

현미경학파'라 부른다. 그들의 업적은 서로 아무런 연관 없이 이루어졌고, 또 이렇다 할 이론적인 과학을 낳은 것은 아니었다. 그러나 그들이 함께 이룬 업적으로 인류는 처음으로 맨 눈으로는 전혀 볼 수 없었던 새로운 세계가 미시적 세계에 존재함을 알게 되었다. 그 세계에 대한 이론적인 정리를 해내는 작업은 다음 세대의 과제가 되었고…….

지금은 누구나 과학이라면 실험과 관찰을 말한다. 그만큼 여러 가지 실험 기구가 만들어졌고 도구도 갖가지를 갖추어 놓고 학생들의 과학 공부에 이용하고 있다. 이런 일이 바로 17세기부터 시작되었던 셈이다. 물론 그 전에는 과학은 실험도 없고 정밀한 관찰도 없는 '말로만 하는' 그런 공부였던 것이다.

로버트 훅

[Hooke, Robert, 1635~1703] 영국의 화학자 · 물리학자 · 천문학자. 훅의 법칙으로 알려진 탄성법칙을 발견했으며 여러 가지 분야에 대한 연구를 했다. 현미경의 조명장치를 고안해서 개량한 현미경으로 동식물을 상세하게 관찰하는가 하면, 코르크 조각을 관찰재료로 해서 식물의 세포 구조를 발견하였다.

15_과학 혁명에 불을 지핀 수학

17세기부터 과학에 응용

초등학교나 중학교에서 수학을 잘해야만 과학자가 될 수 있다고 많은 사람들은 말한다. 그만큼 오늘날 과학을 공부하는 데에는 수학이 절대로 중요하다는 것을 알 수가 있다.

물론 분야에 따라 수학의 필요성은 크게 다르다. 물리학처럼 수학 공부가 아주 많이 필요한 자연 분야가 있는가하면 생물학 분야에서는 거의 수학을 쓰지 않는 수도 있다. 이처럼 분야에 따라 크게 다른데도 불구하고 과학하면 수학을 연상할 만큼 오늘의 과학은 수학과 밀접한 관련을 가지고 있는 것이다.

이렇게 과학이 수학과 굳게 손을 잡게 된 것은 비교적 최근의 일이다. 기껏해야 17세기쯤부터의 일이라고 말할 수 있을 것 같다. 과학이야 옛날 그리스 시대에도 상당히 발달하고 있었지만 그때의 과학은 수학과는 전혀 관계가 없는 그런 과학이었다. 그리스의 대표적 과학자인 아리스토텔레스는 수학이라고는 전혀 쓰지 않은 채 그의 위대한 업적을 생산해 냈다.

이와 같은 '수학 없는 과학'의 전통은 17세기부터 크게 달라지지 시작했다. 자연 과학의 수학화 현상은 17세기 '과학 혁명'의 가장 중요한 특징의 하나인 것이다.

'자연이란 책은 수학이란 글자로 쓰여 있다'고 갈릴레이는 말했다. 자연이란 수학적 구조를 가진 것임을 역설한 셈이다. 갈릴레이는 피사의 기우뚱한 탑에서 물체를 떨어뜨리는 실험을 해서 물체가 떨어질 때 그 속도가 어떻게 달라지는지 증명해냈는데 그는 이것을 엄밀한 수학적 공식으로 만들어내는 데 성공한 것이었다.

이렇게 수학적 공식을 만들어 놓고 보면 그 속에는 무게를 나타내는 부분이 없다는 것이 분명해졌다. 즉 무거운 물체나 가벼운 물체나 탑 위에서 땅으로 떨어지는 속도는 마찬가지라는 사실이 밝혀진 것이다.

같은 시대에 활약한 케플러 역시 비슷한 믿음을 가지고 있었다. 그는 오랜 연구 끝에 하늘의 행성들은 태양의 둘레를 원이 아니라 타원을 그리며 돌고 있다는 새로운 사실을 발견했다. 그런데 그는 이 사실을 그냥 말로만 표현한 것이 아니라 그의 주장을 수학적 공식으로 나타내 주었다.

이제 누구나 그 공식에 따라서 수성, 금성, 화성 등의 운동을 정확하게 미리 계산해 낼 수가 있게 되었다. 케플러는 하나님이야말로 가장 위대한 수학자라고 굳게 믿고 있었다. 따라서 하나님은 이 세상을 만드는 데 수학적인 법칙에 따랐을 것이라고 그는 믿었던 셈이다.

그래서 케플러는 우주의 기하학과 관계가 있을 것으로 믿고, 왜 이 세상에는 꼭 6개의 행성밖에 없을까를 곰곰이 생각해 보았다. 17세기까지는 아직 천왕성, 해왕성, 명왕성들은 발견되지 않았으므로 세상에는 수성, 금성, 지구, 화성, 목성, 토성의 6개 행성밖에 없었다. 그는 생각하던 끝에 신기한 발견을 하고 무릎을 쳤다.

이 세상에는 6개의 행성밖에 없으니 그 행성의 사이는 다섯(5) 뿐이지 않은가? 그런데 이 세상에는 꼭 5개의 정다면체가 있지 않느냐 말이다. 하나님은 6개의 행성을 만들고 그 사이 사이에 각각 하나씩의 정다면체가 들어맞도록 해 놓은 것이 분명하다고 그는 결론을 내렸다. 이 세상에 5개밖에 완전 다면체가 없다는 것은 그리스 시대부터 알려져 있던 일이다. 즉 정4면체, 정6면체, 정8면체, 정12면체, 정20면체가 그것들이다.

24살 때의 케플러가 갖고 있던 이런 생각은 아주 틀린 것이었다. 이 세상에는 6개가 아니라 그보다 더 많은 행성이 있다는 사실이 드러났기 때문이다. 하지만 그가 얼마나 기하학을 중요하게 여겼는지는 알 수가 있을 것이다. 갈릴레이의 생각과 케플러의 발견을 종합해서 만유인력의 법칙을 만들어 낸 뉴턴의 업적도 그것이 엄밀한 수학적 공식으로 표현되어 있기 때문에 중요한 것이지, 만약 그렇지 않았다면 별로 대단한 대우를 받지 못했을 것이다. 17세기 이래 과학, 그 가운데서도 특히 물리학은 수학으로 표현된 정확한 것만이 제대로 대우를 받기 시작했다.

수학의 발달

당연히 17세기부터 여러 가지 수학이 크게 발달하기 시작한 것도 이런 분위기 때문이라고 할 수가 있다. 천문학과 물리학의 발달과 함께 아주 큰 수의 복잡한 계산이 더욱 더 필요해지자 로그(로가리즘)라는 신기한 계산 기술이 발견되었다.

영국 스코틀랜드의 존 네이피어(1550~1617)가 발명한 이 방법은 고등학교에서 배우게 되는데 곱셈과 나눗셈의 복잡한 과정을 덧셈과 뺄셈으로 바꾸어 해낼 수 있는 편리한 것이었다. 이것은 당시에 얼마나 놀라운 발견이었던지 물리학자이며 수학자인 프랑스의 라플라스는 로그의 발견으로 계산에 드는 시간을 절약하게 되어 '천문학자의 수명이 두 배로 늘어나게 되었다'고 말했을 정도였다.

1614년에 네이피어의 로그 발견이 발표된 다음 1639년에는 프랑스의 건축가이고 육군 장교였던 데자르그(1593~1662)가 사영 기하학을 발표했다.

그림에서 멀고 가까운 것을 제대로 표현하기 위한 원근법은 르네상스 시대에 크게 발달하는데 우리들의 중학교에서 '1점 투시도법'이라고 배우는 것이 그것이다. 바로 이런 문제를 기하학에 응용하여 데자르그는 수학의 세계를 크게 넓혀 주었다. 여러분이 책에서 볼 수 있는 여러 가지 세계 지도는 바로 이런 기하학을 이용한 것으로 둥근 지구의 표면을 평면에 나타내 준 것이다.

고등학교에서 배우게 될 해석 기하학 그리고 미분 적분도 바로 17세기가 이룩한 뛰어난 업적이다. 기하학과 대수학의 다리를 놓아 준 해석 기하학은 프랑스의 철학자로 유명한 데카르트

과학자 이야기

존 네이피어

[Napier, John, 1550~1617] 영국의 수학자. 40여 년에 걸친 수학 연구로 산술 · 대수(代數) · 삼각법 등의 단순화 · 계열화를 꾀하였으며, 연구영역이 '네이피어 로드' 등 계산기계의 고안에까지 미쳤다. 그 중 계산의 간편화를 목적으로 한 로그의 발명은 수학의 커다란 업적이었다.

(1596~1650)가 기초를 놓았고, 불규칙한 운동의 순간 속도를 구하고 거리를 계산하는 등 변화하는 양을 마음대로 잴 수 있는 수학적 도구로서의 미분 적분학은 영국의 뉴턴과 독일의 라이프니츠에 의해 완성되었다. 지금 고등학교 학생들을 무섭게 해 주는 수학의 모든 것이 17세기에는 이미 갖춰져 있었던 것이다.

데카르트

[Descartes, Rene, 1596~1650] 프랑스의 철학자 · 수학자 · 물리학자. 근대철학의 아버지로 불리는 데카르트의 형이상학적 사색은 방법적 회의(懷疑)에서 출발한다. '나는 생각한다, 고로 나는 존재한다'라는 근본원리가 《방법서설》에서 확립되어, 이 확실성에서 세계에 관한 모든 인식이 유도된다.

16_과학연구의 메카 '학회'의 활동

영국 왕립학회와 프랑스 과학아카데미

사람들은 비슷한 일에 종사하는 이들끼리 모여서 어울리는 수가 많다. 아마 그러는 편이 서로 생각하는 방식도 비슷하고 화제도 공통되는 것이 많아 좋을 것이다. 그러나 이런 취미삼아 어울리는 모임 말고도 사람들은 같은 일에 종사하는 이들끼리 모여 그들의 이익을 위해 단결하기도 하고 서로 친하게 지낼 것을 약속하기도 한다.

과학자와 기술자들도 마찬가지다. 지금 우리나라에는 아마 수백 개의 과학자와 기술자들의 단체가 있을 것이다. 요즘처럼 각각 공부하는 분야도 서로 틀리면서 또 대단히 전문적이 되어 간다면 이 세상에는 그런 단체들이 한없이 늘어만 갈지도 모른다.

이런 과학자들의 단체로 처음 나와 큰 영향을 남긴 것으로는 영국의 왕립학회와 프랑스의 과학아카데미를 꼽을 수가 있다. 여러 해 동안의 준비 과정을 거쳐 영국의 왕립학회는 1662년 정식으로 시작되었고, 프랑스 과학아카데미는 1666년에 문을 열었다.

이름이 '왕립' 학회라서 영국의 단체는 마치 국왕의 도움이라도 단단히 받아 시작된 것으로 오해하기 쉽지만 사실은 당시의 국왕 찰스2세가 이 모임의 규정을 인정했다는 것 뿐이지 아무런 도움도 준 일이 없다. 이 모임의 정식 이름은 '자연에 대한 지식을 넓히기 위한 왕립학회'로 되어 있었으며 실험을 통해 물리학과 수학에 관한 지식을 넓혀가는 데에 목표를 두고 절대로 종교, 윤리, 정치 문제는 다루지 않는다는 원칙을 세워두고 있다.

그때만 해도 과학자란 수도 적었고 그들은 거의가 부유한 사람들로서 여유 있는 생활을 하면서 과학을 연구하였다. 말하자면 직업은 모두 따로 있어서 상인, 정치가, 학자, 법률가 등등 별의별 사람이 다 있었다.

처음에 왕립학회는 이들 회원으로부터 회비를 10실링씩 거뒀고, 따로 잡지 구독료는 1실링을 더 거뒀다. 아주 큰 액수의 돈을 냈음을 보여 준다. 그리고 그들은 매주 수요일 오후 3시에 모임을 갖기로 결정했다. 그 후 백년 이상 동안 영국에서의 중요한 과학상의 업적은 바로 이 모임에서 발표되는 경우가 많았다. 1687년에 책으로 나온 뉴턴의 만유인력의 법칙도 바로 이 학회에서 발표했던 것이다.

영국의 학회가 이름은 '왕립'이면서도 국왕으로부터 아무 도움을 받지 못한 것과 달리 프랑스 과학아카데미는 처음부터 왕실의 후원을 단단히 받아가며 시작했다. 처음 이 단체의 회원은 20명쯤이었는데 이들에게 루이14세는 월급까지 주었다고 알려져 있다. 또 그들에게는 숙소도 주었고, 연구에 돈이 필요하다면 그런 돈도 마련해 주었다.

당시 루이14세의 유능한 재상이었던 장 꼴베르는 프랑스의 상공업을 발전시키기 위해서는 과학 기술의 진흥이 필요하다고 믿고 이런 기관을 만들어 후원함으로써 자기가 생각한 국가 목표를 이뤄보려 했던 것이었다.

처음 얼마 동안은 이런 목표는 전혀 상관이 없는 듯 프랑스 과학아카데미는 별로 활발한 성과를 내지 못했다. 그러나 시간이 지나면서 이 단체 역시 영국의 왕립학회 못지않은 과학상의 공헌을 후세에 남기게 되었다.

뿌리를 좀더 캐 내려간다면 영국의 왕립학회와 프랑스의 과학아카데미는 르네상스 시대의 이탈리아로 거슬러 오르게 된다. 세계 최초의 과학 단체라면 1560년 이탈리아의 나폴리에서 태어난 '자연의 비밀에 대한 아카데미'를 들 수 있다. 이 단체는 생기기가 무섭게 사라졌지만 1603년 역시 이탈리아의 로마에서 생긴 '린체이 아카데미'와 1651년 피렌체에 생긴 '실험 아카데미'는 제법 활동이 있었던 모임이었다.

유명한 갈릴레이는 린체이의 회원이었고, 그의 제자로 이름 난 과학자 토리첼리는 '실험 아카데미' 창립자의 한 사람이었다.

솔로몬의 집

특히 영국의 왕립학회는 그 뿌리를 당대의 철학자 프란시스 베이컨(1561~1626)의 책 속에서 찾을 수 있다. 1624년에 그가 발표한 「새로운 아틀란티스」란 책은 잃어버린 전설의 땅 아틀란티스에 도착한 사람의 여행기처럼 써 놓은 것이다.

옛날 그리스 사람들은 서쪽 바다 멀리에 있던 큰 대륙이 바다 속으로

베이컨

[Bacon, Francis, 1561~1626] 영국의 철학자, 정치가. 르네상스 후의 근대철학, 특히 영국 고전경험론의 창시자이다. 인간의 정신능력 구분에 따라서 학문을 역사 · 시학 · 철학으로 구분했다. 다시 철학을·신학과 자연철학으로 나누었는데, 과학방법론 · 귀납법 등의 논리를 제창하였다.

가라앉았다고 생각하고 그 대륙을 아틀란티스라 불렀다. 영어로 대서양을 '아틀란티스의 바다(Atlantic Ocean)'라고 부르게 된 것도 바로 이 전설 때문이다. 베이컨의 이야기책처럼 써 놓은 「새로운 아틀란티스」에 의하면 페루를 떠나 남쪽 바다를 거쳐 중국으로 가 보려던 일행은 온갖 고생 끝에 어디쯤인지도 알 수 없는 나라에 도착하게 된다.

이런 이야기들이 모두 그렇듯이 이 나라도 아주 잘 사는 이상적인 곳이었는데 특히 그곳에는 '솔로몬의 집'이라는 기관이 있어서 이곳에서 나라의 모든 일을 맡아 처리한다.

그런데 여기에는 정치가는 한 명도 없고 물리학자, 화학자, 생물학자, 지질학자, 건축가, 기술자, 의사, 경제학자, 사회학자, 심리학자, 철학자들만 있다. 이들은 실제로 사람을 다스리는 것이 아니라 자연의 법칙을 연구하고 그 결과로 인간에게 유용한 도구들을 발명해내는 데 응용하며, 동물 실험 같은 것을 통하여 얻은 지식을 인간의 건강을 위해 활용한다.

이 나라에도 외국과의 무역이 있기는 하지만 지구상의 다른 나라들처럼 물건을 사고파는 무역이 아니라, '솔로몬의 집' 회원을 세계 여러 곳에 파견하여 12년 동안 그곳에서 새로운 지식을 얻어 오도록 하려는 '지식의 무역'만이 있을 뿐이다. 이들을 이 나라에서는 '광명의 장사꾼'이라 부른다.

영국의 왕립학회는 바로 '솔로몬의 집'을 본뜨겠다는 이상 속에서 태어났다. 과학과 기술의 발달을 통해서 인간은 보다 아름답고 편리하고 좋은 세상을 만들 수 있으리라고 그들은 굳게 믿었던 것이다. 아직 그때의 꿈이 이루어진 것은 아니지만 그 영향은 오늘날 전 세계에 수많은 과학 기술 단체를 만들어 주기에 이른 셈이다.

17_생물학의 바탕이 된 동 · 식물의 분류

과거의 동 · 식물 분류 수준

몇 해 전 서울대공원에서 맹수 한 마리가 달아나 그 근처 사람들을 무섭게 하였다. 그 표범이 잡힐 때까지 신문과 방송은 계속해서 그 이야기를 보도하곤 했는데 이 '재규어'란 동물은 고양이과에 속하는 동물이란 말이 여러 번 나왔다. '아니 고양이와 비슷한 동물이라면서 그렇게 무섭다니……' 하는 생각이 날 법도 한 일이다. 백과사전을 들추어 보면 재규어는 '포유류 식육목 고양이과의 한 종'이라 적혀 있다. 원숭이와 뱀 그리고 악어까지 잡아먹을 수 있다니 무서운 맹수임은 분명하다 하겠다.

재규어를 설명한 말 포유류 식육목 고양이과의 한 종이란 말은 이 동물은 고양이 과(科)라는 동물의 종류에 속하는 여러 동물 가운데 한 종(種)이란 것을 의미한다. 그 앞의 말 식육목이란 고양이과의 동물들은 다른 과의 동물과 함께 다른 동물의 고기를 먹는 동물에 속한다는 것을 뜻하고 포유류란 다시 이들이 젖빨이 동물의 한 가지라는 것을 의미한다.

여기서 중요한 말은 류(類), 목(目), 과(科), 종(鍾) 등이다. 이런 표현은 바로 생물을 나누어 보기 위해 지난 몇 백 년 동안 생물학자들이 고안해 낸 학술 용어인 것이다.

이 세상에는 정말로 너무도 많은 종류의 동물, 식물이 있다. 아주 옛날부터 사람들은 이 세상에서 존재하는 생물을 우선 셋으로 나누기 시작했다. 식물, 동물, 인간의 셋이 그것이다.

하지만 같은 식물이나 동물이라 해도 그 종류가 너무 많다는 것은 누구에게도 분명했다. 이끼나 잔디가 있는가하면 소나무나 딸기도 있다. 동물 가운데에는 개미와 바퀴벌레가 있는가하면 사자와 재규어가 있다.

이렇게 서로 크게 다른 생물만 있다면 차라리 생각하기 수월할지도 모른다. 그러나 아주 비슷하면서도 서로 달라 보이는 놈들도 많다. 개 가운데에는 진돗개, 삽살개, 불도그, 사냥개, 셰퍼드가 달라 보이고, 또 개와 늑대는 너무도 닮아 보이기도 한다. 말, 노새, 당나귀, 얼룩말은 또 어떻게 서로 다른 것일까?

이런 생물을 어떻게 나누는 것이 합리적일까 하는 생각을 옛사람들은 별로 하지 못했다. 서양에서는 그리스 시대에 이미 아리스토텔레스가 동물을 12가지로 나눠 본 일이 있다. 하지만 그 자신도 그 이상 동물을 여러 단계로 분류해 볼 생각은 하지 못한 채였다.

그나마 중세 동안 서양 사람들은 모두 동물이나 식물에 대해 오히려 아리스토텔레스만큼도 관심을 보이지 않았다. 중세의 서양 사람들이 식물에 대해 여러 가지를 연구한 일이 있기는 하지만 그건 모두 사람 몸에 어떤 식물이 이로운가를 알아보려는 관심이었다. 말하자면 의학 또는 약학을 위한 재료로서 식물을 연구한 셈이었다.

동양에서는 이런 연구를 본초라 불렀는데 우리가 지금도 널리 쓰고 있는 한약이 거의 약용 식물을 쓰게 된 것도 바로 이런 연구 덕분이었다.

결국 동양이나 서양이나 본초학은 발달해서 여러 가지 식품을 약으로 쓸 줄은 알게 되었지만 식물이나 동물을 제대로 분류하는 데에는 아직 미치지 못했다는 뜻이다.

린네의 분류 기준

생물을 어떤 기준에 따라 분류해 보려는 생각은 17세기에 들어오면서 아주 높아졌다. 예를 들면 카스파 바우힌(1560~ 1624)이라는 스위스 학자는 식물을 6천 가지나 연구해서 각각에 두 가지 낱말로 된 이름을 붙여 주었다.

영국의 식물학자 존 레이(1627~1705)는 1만 8천 6백종의 식물을 125가지로 분류하고 각 식물에 대해 자세히 설명한 책을 썼다. 그는 동물의 분류에도 나름대로 노력했고 처음으로 외떡잎과 쌍떡잎식물을 구분한 사람으로도 알려져 있다. 이런 학자들의 노력을 이어받아 식물 분류학을 완성한 학자가 스웨덴의 칼 린네(1707~1778)였다. 가난한 목사의 아들로 태어난 그에게 아버지는 목사가 되라고 신학을 공부하게 했다. 그러나 하라는 신학 공부에는 전혀 관심이 없이 그는 날마다 식물

과학자이야기

존 레이

[Ray, John, 1627~1705] 영국의 박물학자. 《식물 신분류법》과 《사지(四肢)동물일람》을 발표하여 식물 및 동물분류학의 기초를 이루었다. 최초로 쌍떡잎식물과 외떡잎식물을 구별하였다. 종(種)의 개념을 명확히 하여 영국 박물학의 아버지로 불린다.

채집에 열중하는 것이었다. 결국 목사를 포기하고 의학을 공부했지만 의사도 되지 못했다.

하지만 웁살라 대학에서 의학을 공부하던 대학 시절에 그는 식물을 분류하는 데는 보다 확실한 어떤 기준을 정해야 좋겠다는 것을 깨닫기 시작했다. 그의 선배인 바우힌이나 레이는 모두 식물의 분류에서 여러 가지 식물을 함께 살펴 그걸 정하려 했다. 그러나 린네의 생각에는 그 중 가장 중요한 어떤 부분을 주로 보아서 식물을 분류하는 것이 옳겠다고 깨달은 것이었다. 그는 식물의 생식기관, 그중에서도 수술을 먼저 분류의 기준으로 잡은 것이었다.

과학자이야기

린네

[Linne, Carl von, 1707~1778] 스웨덴의 식물학자. 생물의 종(種)과 속(屬)을 정의하는 원리를 만들었으며, 또한 이 생물들의 이름을 붙일 때 필요한 일정한 체계를 만들어 생물분류법의 기초를 확립했다. 저서 《자연의 체계》는 이명법(二名法)을 확립한 분류학의 보전(寶典)이다.

그전까지 분류 방식이 '자연' 분류인 데 반해서 린네의 방법은 '인위' 분류였다. 다른 학자들이 식물의 모든 부분을 참고하여 분류하려 했던 데 반해 그는 주로 꽃의 특징을 먼저 기준 삼았던 것이다. 린네는 또 바우힌이 시작한 두 가지 이름으로 생물을 부르는 방식을 완성했다.

그의 주장은 1735년 「자연의 체계」라는 책으로 발표되어 많은 호응을 얻었는데, 지금도 생물학자들은 동물과 식물의 정식이름(학명)을 붙일 때는 이런 방식을 쓴다. 린네는 사람의 학명을 '호모 사피엔스', 개의 학명은 '카니스 파밀리아리스'라고 했는데 지금도 그대로 쓰고 있다. 라틴어로 '호모' '카니스'란 각각 속(屬)을 가리키고 다음 단어를 붙여 종(種)을 나타낸 것이다. 우리가 개, 고양이, 닭 하는 것은 종을 가리킨 것이며,

비슷한 종을 몇 모아 속으로 묶고, 비슷한 과의 생물을 모아 목(目)으로 묶고 또 목은 강(鋼)으로 묶어진다.

린네가 쓰던 방식을 조금 바꾸긴 했지만 이 방식에 의하면 사람은 '척추동물문 포유강 영장목 사람과 사람속 사람종'이 되고 고양이는 '척추동물문 포유강 식육목 고양이과 고양이속 고양이종'이 된다. 사람과 고양이는 강까지는 같지만 목에서 서로 달리 분류된다는 것을 알 수 있다.

요즘은 동물과 식물을 각각 계통수(생물이 과거의 조상으로부터 진화하여 온 유연(類緣) 관계를 많은 가지를 가진 한 개의 나무로 계통적으로 나타낸 그림)로 그려 생물들이 서로 어떻게 가까우며 또는 얼마나 먼가를 잘 보여준다. 이렇게 큰 나무로 그려 보면 두 가지 생물이 그 둥치에서 이미 서로 떨어져 있게 된 것인지 아주 작은 이웃 가지에 있는 것인지 짐작할 수 있기 때문이다.

18_ 지구의 나이가 6천 살?

성서의 창세기에 나오는 지구의 나이

우리가 살고 있는 지구는 언제 생겨난 것일까? 기독교가 굳게 자리 잡고 있었던 서양에는 17세기까지 아무도 '이 세상은 하나님이 만든 것'이라는 데 의심을 갖지 않고 성서를 그대로 진리라고 믿었다. 구약 성서의 첫머리에는 '창세기'라는 부분이 있는데 이것이 곧 하나님이 이 세상을 만든 과정을 설명한 것이었다.

이에 따르면 하나님은 엿새 동안에 이 세상 모두를 만들고 이레째 날에는 쉬었다고 한다. 물론 사람도 이때 만들어졌다. 아담과 이브가 함께 에덴동산에서 살다가 선악과를 몰래 따먹은 죄로 에덴에서 쫓겨났다는 이야기도 여기에 나온다.

과학이 발달하기 시작하면서 사람들은 자꾸만 지구의 역사는 과연 얼마나 될까 하고 궁금해 하기 시작했다. '창세기'에 보면 아담은 930살까지 살고 죽었는데 그가 첫아들을 낳은 것이 130살 때였다고 되어 있다.

그의 첫아들은 912년을 살았고 105살에 아들을 낳았다. 또 아담의 손자는 90살에 아들을 낳고 905살까지 살았다. '창세기'에만도 이런 기록은 얼마든지 있고, 또 성서의 다른 부분에도 시간을 따져 볼 만한 자료는 얼마든지 있다. 학자들은 바로 이런 기록들을 모으고 정리해서 하나님이 이 세상을 만든 후 얼마나 시간이 지났을까를 연구했던 것이다.

성서 연대학이라고 부르는 이런 학문은 지금도 연구하는 학자들이 있다. '성서'에는 많은 역사적 사실이 기록되어 있는 것이 분명하기 때문에 이런 연구를 통해 그 사건의 보다 정확한 시기를 밝혀낼 수 있기 때문이다. 과학자로 너무나 유명한 아이작 뉴턴은 보통 '만유인력의 법칙'을 발견한 것으로 유명하지만, 그도 늘그막에는 바로 이런 연구에 온 힘을 기울였던 일이 있다.

그런 연구의 결과 18세기까지의 학자들은 지구가 생겨난 지 약 6천년이 지났다는 데 의견을 모았다. 아일랜드의 존경받는 성직자이고 당대 최고의 고대어 전문가이기도 했던 제임스 어셔란 학자는 1654년에 그의 연구 결과를 발표했는데, 그에 따르면 하나님이 이 세상을 창조한 것은 기원전 4004년 10월 26일 금요일 오전 9시였다.

그날이 금요일이었으니 그 후 엿새 동안 세상을 만들고 하나님이 휴식을 취한 것은 토요일이 된다. 지금도 유태교를 비롯한 일부 기독교가 토요일을 안식일로 지키는 것은 이 때문이다. 물론 대개의 기독교는 그리스도의 부활을 기념하여 그 첫날인 일요일을 주일로 지키고 있다. 어셔만 이런 생각을 한 것이 아니라 당시의 많은 학자들은 대체로 이와 비슷한 주장을 갖고 있었다.

지구의 나이 캐내는 화산·화석 연구

6천년이라는 시간은 당시 사람들에게는 아주 긴 시간이었다. 그렇지만 과연 6천년 동안에 지금의 지구가 생길 수 있을까? 15세기 이후 서양 사람들은 바다를 건너 전 지구를 탐험하기 시작했는데 그들이 유럽에 가지고 돌아오는 것 가운데에는 유럽 사람들은 상상도 해 보지 못한 생물들이 얼마든지 있었다.

또 광산을 개발하러 땅을 판 사람들은 여러 가지 화석을 파냈고, 그 중에는 사라진 생물의 모양도 많이 나타났다. 정말 6천년 동안에 많은 변화가 일어날 수 있을까?

지금부터 800년 전에 이미 동양의 가장 위대한 철학자의 한사람인 주자는 산 위에서 발견된 물고기의 화석을 보고 옛날에는 그 산이 바다 밑에 있었던 것이라고 옳게 말한 일이 있다. 600년 전의 유명한 르네상스의 화가이며 과학자인 레오나르도 다 빈치는 화석은 실제 동물과 식물의 흔적이라고 옳게 지적했다. 그러나 아직 하나님 중심으로 모든 것을 해석해 보려던 많은 서양 사람들은 화석이란 하나님의 조각품이라고 단정했다.

1726년 도이칠란트의 뷔르츠부르크 대학의 교수 요한 베링거는 화석에 관한 책을 냈는데 여기에는 그가 제자들을 시켜 수집한 2천점의 화석이 설명되고, 그 중에는 자세한 그림도 들어 있었다. 그런데 이 책이 나온 뒤 곧 그는 이 책을 거둬들여 모두 태워 버리는 소동을 벌였다. 당시 화석 연구에 권위자로 손꼽히던 그는 너무 제자들을 닦달해서 화석을 수집하는 바람에 인심을 잃어 어느 제자 하나가 모조품을 만들어 그에게 바쳤고 그런 모조품 화석에 대한 해설도 이 책에 들어 있었던 까닭이었다.

베링거 교수의 경우는 큰 망신을 당하기도 했지만, 그 이외에도 당시의 많은 학자들은 화석이 하나님의 조각 작품이라고 믿었을 정도였다.

그렇지만 지구가 이렇게 되기까지 6천년은 너무 짧아 보이기 시작한 것도 사실이었다. 이 짧은 시간에 지구가 이런 모양이 되기에는 지구를 갑자기 뒤흔들어 주는 그런 사건이 있어야 옳은 것도 같았다. 마침 '창세기'에는 '노아의 홍수'라는 좋은 기록이 있지 않은가? 지구의 표면에는 여러 가지 지층이 있고 그 밖에도 많은 변화가 보이는데 이것은 홍수와 또 그 후의 물의 힘으로 생겼다는 주장이 나오게 되었다.

특히 도이칠란트 프라이부르크 대학의 아주 인기 있던 교수 아브라함 베르너는 물의 힘이 지구 표면의 모든 중요한 변화를 가져 왔다고 주장했다. 베르너의 수성론과는 달리 영국의 제임스 허튼이라는 학자는 지구 표면을 지금처럼 만들어 준 힘은 물보다는 불이라고 주장했다. 지진과 화산의 중요성을 더 강조한 허튼은 1795년 「지구의 이론」을 출판한 지질학자로 증기기관으로 유명한 제임스 와트의 친구였다.

베르너의 수성론과 허튼의 화성론이 서로 얽히며 지질학은 발달을 거듭했고 점점 사람들은 지구의 나이가 6천년은 훨씬 더 되었으리라는 생각으로 바뀌기 시작했다. 아주 긴 시간 동안, 수만 년이나 수십만 년 동안에 걸쳐 지구는 여러 가지 힘에 의해 아주 조금씩 변해 오늘과 같이 되었으리라는 생각이 펴져 갔다. 18세기에 시작된 지질학은 지구의 나이를 6천 살에서 6만 살 이상으로 늘려 주면서 19세기로 넘어갔다. 그리고 19세기동안 그 나이는 더욱 더 많아지게 되면서 찰스 다윈의 진화론이 나오도록 도와주게 된다.

19_ 생물은 저절로 생겨났을까?

저절로 생겨났다고 주장하는 자연발생설

사람이라면 아버지와 어머니 없이 세상에 태어날 수는 없다. 소나 말도 따지고 보면 마찬가지라는 사실을 지금 우리들은 알고 있다. 그렇지만 점점 더 내려가 구더기나 송충이, 혹은 이나 진딧물 같은 것들은 어떨까? 그런 미미한 생명체도 부모 같은 것이 있어야만 생긴다는 말인가? 3백여 년 전까지 사람들은 아무도 그따위 하등동물이 무슨 부모가 있어야 생기겠느냐고 생각했다. 모양은 전혀 다르지만 구더기는 파리의 새끼라는 사실을 아무도 짐작하지 못했다. 진흙 속이나 다른 더러운 곳에서 구더기 같은 작은 동물은 저절로 생겨나는 것이라고 모두가 믿고 넘어갔다.

서양 사람들은 아리스토텔레스 이후 중세 때까지 모든 사람들이 습도, 온도, 영양만 좋은 곳이라면 벌레 같은 하찮은 동물은 저절로 생겨날 것이라고 믿었다. 동양 사람들도 아주 똑같은 생각이었다. 심지어 송충이는 정치가 잘못될 때에 소나무에 저절로 생기는 것이라고까지 생각했

프란체스코 레디

[Redi, Francesco, 1626~1697] 이탈리아의 의사 · 박물학자 · 시인. 1668년 출판된 《곤충에 관한 실험》에서 고기를 천 등으로 씌워 놓고 파리가 알을 까지 못하게 해두면, 그 고기가 아무리 썩어도 구더기가 발생하지 않는다는 결론을 얻고 자연발생설을 부정하였다. 그러나 그는 내장의 기생충은 자연 발생한다고 믿었다.

다. 이런 생각을 과학사에서는 자연발생설(自然發生說)이라 부른다.

아닌 게 아니라 이런 하찮아 보이는 동물은 우선 너무 작아서 맨 눈에는 별로 복잡하게 생겼다고는 여겨지지 않았다. 그런 하찮은 동물이라면 저절로 생겨난대도 전혀 이상할 것이 없어 보였다. 그러나 이런 생각은 잘못된 것이었음이 1668년 이탈리아 피렌체의 의사이며 시인이었던 프란체스코 레디(1621~1697)에 의해 증명되었다.

자연발생설의 잘못은 간단한 실험 하나로 증명되었던 것이다.

고기를 밖에 놓아두면 썩고, 그리고는 구더기가 생겨난다. 그런데 그 구더기는 썩은 음식에서는 저절로 생겨나는 것일까? 고기가 썩고 있는 동안 그 위를 날아다닌 파리는 아무 관계가 없을까?

레디는 이들 사이의 관계를 실험을 통해 확인해 보기로 결심했다. 주둥이가 큼직한 플라스크 8개를 준비한 그는 여기에 뱀, 생선, 양고기 등을 넣고 그 중 4개는 뚜껑을 덮어 파리가 드나들지 못하게 하고 나머지는 그대로 열어 두었다. 왜 하필 뱀을 썼는지에 대해서는 아무 설명도 없다. 또 그가 이 고기를 섞어서 8개의 플라스크에 나누어 놓았던 것인지 아니면 플라스크마다 다른 종류의 고기를 넣었던 건지도 알려져 있지 않다.

며칠 뒤에 보니 뚜껑이 덮여 있던 플라스크의 고기는 썩어서 냄새가

독하게 나기는 했지만 구더기는 한 마리도 없었다. 그러나 열려 있던 플라스크에는 구더기가 잔뜩 생겨 있었다. 레디는 이것으로 만족하지 않고 실험을 한 가지 더 해 보았다. 즉 뚜껑을 완전히 막으면 공기가 통하지 않아 구더기가 생길 수 없었을 것이라는 주장을 하는 사람도 있었기 때문이었다. 그는 뚜껑 대신 앞과 같은 8개의 플라스크 가운데 4개에는 거즈로 덮어 공기는 통하지만 파리가 들어가지는 못하게 해놓고 같은 실험을 해 본 것이다.

물론 결과는 마찬가지였다. 고기가 썩기만 한다고 거기서 저절로 구더기가 생기는 것이 아니라는 사실이 증명된 것이다. 아무리 하찮아 보이는 구더기 같은 동물도 저절로 생기는 것은 아님을 알게 되었다. 이때쯤에는 마침 현미경이 퍼져 많은 학자들이 아주 작은 동물도 현미경으로 들여다보면서 큰 동물 못지않게 복잡하게 생겼다는 사실을 밝혀가고 있었다. 생물의 자연발생설은 레디의 실험 이후 점점 사라지게 되었다.

사라지지 않는 자연발생설에의 믿음

그렇다고 2천년 이상 모든 사람들의 굳게 믿고 있던 자연발생설이 하루아침에 사라지기는 어려운 일이었다. 레디의 실험이 있은 지 80년이나 지난 1748년에 영국의 신부인 생물학자 존 니덤(1713~1781)은 같은 실험을 반복해 보고 이번에는 자연발생설이 옳다고 정반대의 주장을 하고 나섰던 것이다. 다만 레디의 경우와는 달리 니덤은 구더기가 저절로 생겨나는 것을 실험한 것이 아니라 미생물이 자연 발생하는 것을 관찰해낸 것이었다.

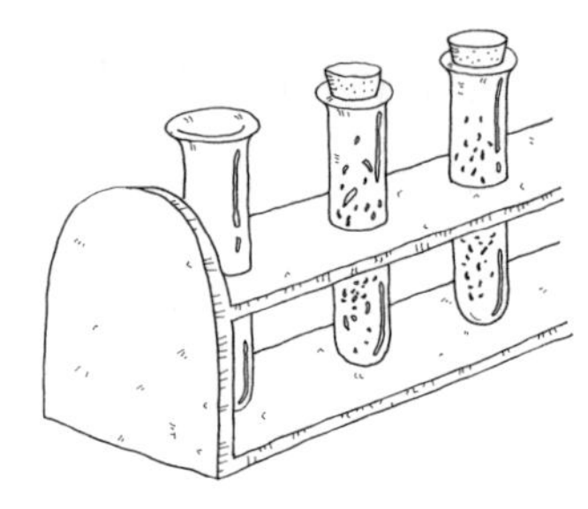

이미 현미경의 보급으로 미생물의 세계에 대해서는 점점 많은 지식을 얻어가던 때였다. 니덤은 고기 국을 끓여 코르크 마개로 막아 두었다가 며칠 뒤에 열어 그 국물을 현미경으로 관찰했던 것이다. 그렇다면 구더기는 저절로 생길 수 없어도 미생물은 저절로 생길 수 있는 것이 아닐까?

미생물도 분명히 생명체이다. 미생물이 저절로 생길 수 있다면 자연발생설은 아직 사라졌다고는 말할 수가 없다. 이에 대해서 이탈리아의 신부이며 교수였던 라차로 스팔란차니(1729~1799)가 다시 이를 부정하는 실험에 성공했다. 니덤과 같이 실험을 다시 반복하면서 그는 이번에는 고기 국물의 그릇을 꼭 막은 다음 그것을 끓는 물에서 30분 이상 가열해 보관해 본 것이다. 이렇게 하고 며칠이 지나 뚜껑을 열어 보아도 거기에는 전혀 미생물이 생겨나지 않는다는 사실을 알게 되었다.

1767년의 이러한 발표에도 불구하고 자연발생설이 완전히 사라지지는 않았다. 스팔란차니는 고기 국물 그릇을 가열하면서 밀폐된 그릇 속의 공기도 가열했는데, 바로 이 때문에 그 그릇 속의 공기는 생명을 만들어 주는 힘을 잃게 되었기 때문에 미생물이 생기지 못한다는 것이었다. 신선한 공기에는 생명을 발생시켜 주는 어떤 기운이

과학자 이야기

라차로 스팔란차니

[Spallanzani, Lazzaro, 1729~1799] 이탈리아의 생리학자. 1786년에는 개의 인공수정에 성공하여 세 마리의 강아지를 낳게 하였다. 또한 J.니덤의 자연발생설에 반대하여 야채의 삼출액(· 出液)을 충분히 끓인 다음 밀폐된 용기 속에 넣어 두면 미생물이 발생하지 않는다는 것을 실험하였다.

있다는 것이 그 반대의 이유였다.

신선한 공기 속에만 있다고 생각되는 '생명의 기운' 또는 '생명의 입김'이란 정말 어떤 것일까? 자연발생설은 점점 궁지로 몰려가고는 있었지만 아직도 많은 사람들은 미생물 같은 경우에는 저절로 생기는 것이 당연하다는 믿음을 버릴 수가 없었다.

1859년에 프랑스의 펠릭스 푸쉐라는 학자는 큼직한 책을 써서 자연발생의 여러 가지 경우를 자세하게 소개하기도 했다. 1859년은 찰스 다윈의 진화론이 발표된 해이다. 이렇게 늦게까지도 자연발생설은 물러가지 않았던 것이다. 바로 그 이듬해 1860년에 프랑스의 과학아카데미는 자연발생설을 증명하는 훌륭한 논문에 상을 주겠다고 발표하고 있을 정도였다. 그러나 바로 그때에 같은 프랑스에서는 루이 파스퇴르에 의해 결정적인 실험이 진행되고 있었다.

20_ 산업혁명의 상징, 증기 기관

18세기부터 기술 발달

과학이 아무리 발달해도 당장 사람의 사는 모양이 달라지는 것은 아니다. 그렇지만 기술의 발달은 당장 사람의 생활을 편리하게 만들어 준다. 아무리 새롭고 흥미 있는 진리나 법칙을 과학자가 발견해낸다 해도, 그것을 이용하는 새로운 기계나 장치가 나오지 않으면 사람들에게 직접 도움이 되지는 않는다는 말이다.

과학이 한참 발달한 서양에서는 18세기 말부터 기술도 크게 발달하기 시작했다. 뉴턴이 만유인력의 법칙을 발견한 것이 지금부터 3백 년 전인데, 서양에서 기술이 크게 발달하기 시작한 것이 그보다 대략 백년 뒤, 그러니까 지금으로부터 약 2백 년 전부터의 일이었다.

그때까지 사람들은 무엇이건 만들 때에는 간단한 도구를 썼다. 복잡한 기계를 만들어 쓸 줄 몰랐다. 예를 들면 무명을 짜려면 우선 목화를 따서 씨아로 씨를 발라낸 다음 물레를 돌려 실을 뽑아내고 그 실을 베틀에서 무명으로 짜내는 것이 순서였다. 이 경우 베틀은 상당히 복잡한 것이긴 했지만 그것 역시 한 가지 도구일 뿐 그것이 기계라고 할 수는 없다. 베틀 하나에 사람 한 명이 달려 일해야 했고 그 베틀을 움직이는 힘은 그 사람에게서 나왔기 때문이다.

서양에서 기술이 갑자기 발달하기 시작한 것을 역사에서는 '산업혁명'이라 부른다. 약 2세기 전부터 먼저 영국에서 여러 가지 편리한 기계가 발명돼 나왔고, 그 기계를 움직여 주는 동력으로는 수증기의 힘이 이용되기 시작했던 것이다.

기계에 수증기의 힘을 이용하는 장치로 발명된 것이 바로 증기기관이었고, 제임스 와트는 실제 쓸 수 있는 증기기관을 발명했기 때문에 산업혁명의 주인공으로 손꼽히게 되었던 것이다. 산업혁명은 도구를 만들어 쓰던 인간을 기계를 만들어 쓰는 인간으로 바꿔 주었다. 기껏해야 사람의 힘이 아니면 동물의 힘, 그리고 바람과 물의 힘을 이용할 수밖에 없다고 생각했던 인간이 석탄의 에너지를 이용하기 시작했다.

와트의 증기기관

'산업혁명의 아버지'라 할 수 있는 제임스 와트(1736~1819)는 스코틀랜드의 서해안 그리노크에서 태어났다. 아버지는 배를 만드는 목수로 시작하여 나중에는 배와 관계된 기구들을 파는 장사를 하고 있었다. 어려서부터 와트는 여러 기구들을 만지며 자랐고, 자연히 공작 솜씨가 좋았다.

17살에 어머니가 돌아가시고 아버지 사업도 시원치 않자 그는 19살에

제임스 와트

[Watt, James, 1736~1819] 영국의 기계 제작자, 발명가. 목수의 아들로 태어나 소년시절을 아버지 일터에서 보내는 동안 수세공(手細工)에 관심을 갖게 되었다. 1763년 최초 발명인 투시화법기(透視畵法器)를 만들었다.

런던의 어느 기술자에게 견습공으로 들어가 기술을 배우게 되었다. 20살의 와트는 1년 뒤인 1756년 고향으로 돌아왔고, 얼마 지나지 않아 글라스고 대학의 전속 기술자로 뽑혀 대학 교수들이 부탁하는 기구나 장치들을 만들고 고치는 일을 시작했다.

와트가 증기기관에 관심을 가지기 시작한 것은 이때부터였다. 1763년 어느 교수가 그에게 뉴코멘의 증기기관을 고쳐 달라고 가져 왔기 때문이었다. 보통 알려진 이야기로는 그가 겨울 어느 날 난로 위에서 끓고 있는 주전자의 뚜껑이 달각거리는 것을 보고 증기기관을 처음 발명했다고 한다.

이런 이야기는 와트의 공을 높여 말하다 보니 저절로 생긴 이야기에 불과하다. 사실은 와트의 증기기관 이전에도 여러 사람들이 증기를 이용한 기관을 만들어 보았고 그 중 어떤 것은 이미 널리 사용되기도 했던 것이다.

1700년 이전에 이미 수증기를 이용한 기관은 나오기 시작했다. 그때 사람들이 크게 관심을 갖고 있던 문제는 어떻게 하면 광산의 갱도(땅 속에 뚫은 길)에 괴는 물을 퍼내느냐는 것이었다. 산업혁명 이전부터 이미 공업은 제법 발달하고 있었는데 거기에는 여러 가지의 금속들이 더 많이 필요했고, 그걸 구하려면 더 깊이 땅을 파서 광물을 캐내는 수밖에 없었다. 그런데 광산에서 땅을 깊이 파내려 갈수록 솟아나는 물이 큰 골치였다. 이 물을 퍼 올리는 데 수증기의 힘을 쓰자는 생각은 1700년 이전부터 여러 사람들이 하고 있던 것이었다. 실제로 우리도 불과 얼마 전까지 수도가 없는 곳에서는 마당에 펌프를 박아 놓고 손잡이를 위 아래로 움직여 물을 퍼 올려 사용하였다. 양이 많지 않은 물을 잠깐 끌어 올리는 데에는 이런 펌프로도 충분하겠지만 광산에서 사람의 힘으로 이런 펌프질을 계속할 수는 없는 일이었다. 하지만 원리는 마찬가지였다. 실린더 속에서 피스톤이 위 아래로 자꾸 움직여 주면 땅 속의 물을 끌어 올릴 수 있는 것이었다.

파팽

[Papin, Denis, 1647~1712] 프랑스의 물리학자 · 기술자. 파팽의 대기압 피스톤 기관은 화약을 수증기로 바꾸어 수증기의 압력과 그 응축(凝縮)에 의한 대기압의 작용을 이용하여 피스톤을 움직이게 하는 실용적 동력기관으로서, 후에 뉴커먼의 증기기관 발명의 기초가 되었다.

지금 우리들이 쓰고 있는 압력솥을 처음 만든 프랑스의 드니 파팽(1674~1712)은 이런 기관을 만든 일이 있다. 실린더 바닥에 물을 조금 넣고 이 실린더를 가열하여 그 물이 수증기로 바뀌면 피스톤이 위로 밀려 올라갔다가 다시 그 실린더에 밖에서 물을 부어 식히면 그 속의 수증기가 다시 물로 바뀌고 부피가 줄면 이번에는 피스톤이 공기 압력으로 아래로 내려온다.

파팽이 발명한 압력솥

생각은 옳지만 실린더 속에 직접 물을 넣고 가열했다 식혔다하는 일은 쉽지 않았다. 영국의 토마스 세이버리(1650~1715)는 옆에 따로 보일러를 만들고 여기서 물을 끓여 수증기를 실린더에 넣어 주는 방법을 생각했다. 세이버리의 방식을 더욱 개량하여 실제로 광산에서 널리 쓰이고 있던 것이 바로 영국의 토마스 뉴코멘(1663~1729)의 기관이었고 이것이 바로 와트의 관심을 증기기관으로 돌려놓은 것이었다.

뉴코멘 기관의 결점을 알게 된 와트는 2년의 연구 끝에 응축장치를 따로 만들어 효율을 높일 수 있었고 다음에는 피스톤의 위 아래 왕복 운동을 빙빙 도는 회전운동으로 바꾸는 장치를 발명했다.

이제 증기 기관은 광산에서 물을 퍼 올리는 데에만 쓸모 있는 것이 아니라 어느 기계라도 간단히 움직여 줄 수 있게 되었다. 여러 가지 방직기계가 고안되어 나와 방직 공업이 발달했고, 증기 기관의 힘을 이용하려는 노력이 여러 가지로 나타났다.

기차가 나오고 기선이 바다를 가르게 되었다. 유럽 여러 나라와 미국이 영국의 뒤를 따라 산업 혁명의 길로 달리기 시작했다.

21_산소를 발견한 라부아지에

옛날엔 4원소설 믿어

한 가지 물질이 전혀 다른 물질로 바뀌는 것은 무슨 까닭일까? 옛날 그리스 철학자들은 물질의 근본 원소를 불, 공기, 물, 흙의 4원소라 하고 이들 네 가지 원소는 조건에 따라 서로 바뀔 수도 있다고 말했다. 이런 생각은 연금술이 발달한 중세를 통해 대체로 그대로 믿어졌다. 그리고 점차 사람들은 4원소 가운데 가장 신비스러워 보이는 불에 대해 더 관심을 가지게 되었다.

정말 불이란 무엇일까? 그리고 물건이 타면 가장 급하게 변화가 일어나는 셈인데 탄다는 것은 무엇인가? 영국의 과학자 로버트 보일은 1661년에 써 낸 그의 책에서 불이 아주 작은 알맹이로 되어 있다고 주장했다. 그 알맹이가 그릇을 통과하여 그릇 속의 물을 덥혀 준다는 것이다.

연소, 즉 불에 타는 것이 무엇인지를 설명하는 가장 멋진 이론은 1670년을 전후하여 도이칠란트의 의사 베허와 슈탈에 의해 제안되었다. 그

과학자 이야기

라부아지에 부부

[Lavoisier, Antoine Laurent, 1743~1794] 프랑스의 화학자. 1773년에 산소를 발견하였고, 1777년 공기가 두 종류의 기체로 되어 있는데, 하나는 연소와 호흡에 쓰이고, 다른 하나는 유독기체(질소 가스)라는 점을 밝혔다. 화학을 체계적인 학문으로 정리한 《화학 교과서》에서 질량불변의 법칙과 원소개념을 정의하여 근대 화학의 기초를 마련하였다.

들의 주장에 의하면 불에 잘 타는 물질에는 플로기스톤이 많이 들어 있다는 것이다. 말하자면 석유나 숯에는 플로기스톤이 듬뿍 들어 있고, 돌이나 쇠에는 플로기스톤이 거의 없다고 하는 셈이다. 또 그들의 플로기스톤 이론은 불에 타는 현상과 함께 쇠붙이의 녹스는 것까지 함께 설명했는데 녹슨 쇠에 플로기스톤을 섞어 주면 깨끗한 쇠붙이가 된다는 것이었다.

플로기스톤 이론은 연소 현상을 아주 그럴듯하게 설명해 주었다. 약 100년 동안 유럽의 모든 과학자들은 이 방식으로 모든 화학 변화를 설명해 보려고 노력했다.

1766년 영국의 헨리 캐븐디시는 황산에 금속 조각을 넣어 생겨난 공기를 불에 태워 보고 깜짝 놀랐다. 이 공기는 파란 불꽃을 내며 잘 탔고 이를 본 캐븐디시는 이것을 플로기스톤이라고 단정했다.

또 1774년에 역시 영국의 조셉 프리스틀리는 산화 수은을 밀폐하고 가열한 결과 다른 종류의 공기를 얻었다. 그리고 그후 10년만인 1784년 캐븐디시는 물이란 자기가 발견한 플로기스톤과 플리스틀리의 공기가 결합한 것임을 발견하게 되었다. 그가 플로기스톤이라 믿고 있었던 기체는 지금으로 말하면 수소가 되고, 프리스틀리가 발견한 기체는 산소였던 것이다. 그는 이때에 물이 산소와 수소가 결합하여 생기는 것을 알게 되었으면서도 아직 그것이 산소와 수소인 것을 몰랐던 것이다.

플로기스톤 이론의 잘못을 밝혀 새로운 화학의 문을 활짝 열어준 사람이 바로 근대 화학의 아버지 앙투완 로랑 라부아지에(1743~1794)였다.

프랑스의 파리에서 목사 아들로 태어난 그는 일찍부터 플로기스톤 이론의 모순에 관심을 가지고 있었다.

질량보존의 법칙 발견

특히 녹슨 쇠붙이는 플로기스톤과 결합하면 녹 없는 쇠붙이가 된다는데 플로기스톤이 더해지면 오히려 무게가 가벼워진다는 것이 마땅치 않았다. 이에 대하여 플로기스톤 이론을 고집한 사람들은 플로기스톤이 마이너스의 무게를 갖고 있다고 주장하기도 했다. 플로기스톤은 그것이 더해질수록 결합된 물질을 더욱 가볍게 만들어 준다는 것이었다.

1773년부터 라부아지에는 이 문제에 대해 실험을 계속하고 있었다. 그 결과 그는 주석을 밀봉하고 가열한 다음 봉한 것을 열어 주면 공기가 그릇 속으로 빨려 들어가고 그와 함께 무게가 늘어난다는 사실을 발견했다. 플로기스톤 이론과 달리 주석은 공기와 결합하여 녹슬게 되며 녹슨 주석이 무게가 더 나간다는 사실을 발견한 것이다.

1774년 마침 파리를 방문한 영국의 프리스틀리가 라부아지에와 만났다. 두 사람은 서로의 연구에 대해 얘기를 나누었고 그후 라부아지에는 프리스틀리의 실험을 스스로 반복해 보았다. 산화 수은을 밀봉한 상태로 가열하여 수은을 얻었으나 밀봉된 전체 실험 장치의 무게에는 조금도 변화가 없었다. 왜냐하면 산화 수은이 잃은 무게와 똑같은 무게의 기체가 거기서 생겨났음을 그는 증명했던 것이다.

라부아지에의 과학 방법은 바로 이와 같이 화학 변화의 앞과 뒤에 무게를 꼼꼼히 따지는 점에서 남다른 데가 있었다. 그 결과 그는 화학의 가장 중요한 법칙 하나를 찾아내게 되었는데 그것이 바로 '질량보존의 법칙'이다.

라부아지에는 산화 수은을 가열하여 얻어낸 기체를 연구한 끝에 그것이 산에 들어 있는 기체라는 것을 알고 거기에 '산을 만드는 기체'란 이름을 붙였다. 그리고 이어 그는 물이란 바로 이 기체와 다른 기체가 결합하여 생기는데 그 기체는 플로기스톤이 아니라고 주장했다. 그 기체에는 '물을 만들어 주는 기체'라는 이름이 붙어졌다.

이렇게 하여 그는 이 세상에 플로기스톤이란 물질은 없으며, 연소한다는 것은 물질이 급하게 '산을 만드는 기체' 즉 줄여서 '산소'와 결합하는 현상임을 증명했다. 100년 동안 모두가 옳다고 믿어 왔던 플로기스톤 이론이 무너져 버리고 새로운 화학이 등장한 것이다.

그는 오늘의 우리들에게 '산을 만드는 원소'라는 산소, '물을 만드는 원소'라는 수소를 비롯하여 새 원소 이름을 만들어 주었다. 1789년에 나온 그의 책 「화학의 기초 이론」에는 모두 33종의 원소가 밝혀져 있었다. 좀 흉을 보자면 그가 처음에 모든 산에 들어 있다고 생각하여 '산을 만드는 원소'라고 이름 붙인 산소는 염산에는 들어 있지 않다. 또 그가 나열해 놓은 33개의 원소 가운데에는 빛과 열도 들어 있다. 라부아지에는 그 당시로서는 빛이나 열도 원소라고 생각했던 것이다.

근대 화학의 아버지 라부아지에는 프랑스 혁명의 혼란 속에서 아주 비극적인 최후를 마친 것으로도 유명하다. 그는 혁명전에 세금을 거두는 기관에서 간부로 활동을 했는데 그 기관 징세 조합이 혁명 후 크게 욕을 먹게 되었던 것이다. 1793년 말 라부아지에는 다른 징세 조합 간부들과 함께 체포되었고, 1794년 5월 8일 단두대에서 처형되었다.

그가 중요한 실험을 할 수 있도록 2주일만 재판을 연기해 달라는 청원이 있었지만 재판장 꼬피나르는 '공화국은 과학자를 필요로 하지 않는다'면서 그대로 재판을 진행하고 사형을 언도했다. 그의 죽음을 애석해하면서 프랑스의 과학자이며 수학자 라그랑쥬는 이렇게 논평했다. '그들이 그의 머리를 쳐 버리는 데에는 한 순간밖에 걸리지 않았다. 하지만 그와 같은 머리를 다시 길러내는 데에는 100년은 걸릴 것이다.'

22_청량음료를 만든 프리스틀리

거품 내는 탄산가스

가게에 가보면 별의별 이름의 청량음료가 다 있지만, 그들을 서로 다르게 만들어 주는 것은 그 속에 넣은 향료와 색깔과 감미료 등일 뿐, 이들의 공통되는 부분은 탄산가스이다. 뚜껑을 열면 탄산가스는 곧 거품을 내며 솟아오르게 되고 이것이 우리에게 시원한 느낌을 주는 것이다.

청량음료를 처음 만든 사람은 영국의 조셉 프리스틀리(1733~1804)였다. 원래 교회의 목사였던 프리스틀리는 영국 화학의 아버지라는 별명을 얻었을 정도로 대단한 과학자였고, 또 그의 이름은 철학사에도 나올 정도의 인물이다. 그가 소다수 즉 탄산가스 섞인 물을 만들게 된 것은 1767년 34살 때 리즈에 있는 교회의 목사로 자리를 옮기면서부터의 일이었다.

그의 집은 어느 맥주 공장 근처에 있었다. 맥주는 보리에 호프와 효모를 섞어 큰 나무통에 넣어 만드는데 효모가 액체를 발효시키면 거품이

나오고 많은 탄산가스가 나오게 된다.

그러나 220년 전에는 이 세상 어느 누구도 탄산가스를 아는 사람은 없었다. 아니 어느 누구도 이 세상의 공기가 여러 가지 성분으로 되어 있다는 사실을 알지 못하고 있을 때였다. 아무도 산소, 수소, 질소 또는 탄산가스에 대해 알지 못할 시절이었다. 그리스 시대 이래로 늘 그랬던 것처럼 사람들은 이 세상의 공기는 다 마찬가지이고 그것은 말하자면 한 가지 원소라고 여겨졌다. 그리스 사람들은 이 세상에는 4가지 원소가 있다고 말하지 않았던가? 그들이 말한 4원소는 공기, 불, 물, 흙이었다.

과학자이야기

프리스틀리

[Joseph Priestley, 1733~1804] 영국의 철학자 · 화학자. 1772년 탄산가스를 이용하여 소다수를 발명하고, 뒤이어 기체를 물 또는 수은 위에서 포집하는 장치를 고안하였으며, 일산화이질소 · 암모니아 · 염화수소 · 이산화황 · 플루오르화규소 등을 발견하였다.

맥주가 발효하면서 그 위에 생기는 두터운 거품 층에 관심을 갖게 된 프리스틀리는 그 거품의 공기를 얻어다가 여러 가지로 실험을 해 보았다. 마침 영국의 과학자들 사이에는 공기에 대한 관심이 높아가고 있었으므로 그가 이런 일에 관심을 갖게 된 것도 아마 같은 이유 때문이었을 것이다. 맥주통 위에는 20내지 30센티미터의 가스층이 생겼는데 불붙은 나무토막을 그 속에 넣으면 곧 불이 꺼지는 것을 알 수 있었다. 그 공기를 채집해 내다가 같은 실험을 해도 결과는 마찬가지였다.

공기·물 섞는 법 연구

이번에는 그 공기를 물과 섞는 방법을 생각하기 시작했다. 그것은 아주 쉬웠다. 컵 두 개를 준비하고 한 컵에는 물을 채우고 다른 쪽에는 그 공기를 채운다. 이 두 컵을 서로 위치를 바꾸면서 물을 몇 번 부어 주면 물이 거품이 나는 소다수가 된다는 것을 알게 된 것이었다. 물에 탄산가스를 섞어낸 것이었다.

프리스틀리가 만든 소다수는 인공으로 만든 것으로 처음이 되지만 이미 사람들은 소다수를 잘 알고 있었다. 세계 곳곳에 있는 천연의 광천수(광물성 물질을 비교적 많이 함유하고 있는 샘물)가 바로 그런 물을 만들어 주고 있었기 때문이다. 당시 그는 도이칠란트의 피어몬트 광천수를 생각하고 있었다. 약간의 황 냄새와 함께 거품을 일으켜 주는 피어몬트 수는 병에 넣어 외국에 수출되었고, 영국에서는 그 값이 아주 비쌌다.

프리스틀리는 피어몬트 광천수를 흉내내어 그가 만든 소다수에 타타르산, 식초 등을 약간 섞어 맛있고 상쾌한 음료를 만들어냈다. 수입한 피어몬트수와는 비교할 수 없는 싼 값으로 인공 청량음료가 처음 개발된 것이다. 그러나 당시 사람들은 그것을 그저 기분 좋으라고 마시는 음료라고는 생각하지 않았다. 옛날부터 광천수는 여러 가지 질병을 치료해 주는 약수라고 생각되어 왔기 때문이었다.

당시 서양 사람들은 소다수가 특히 괴혈병에 효험이 있다고 굳게 믿고 있었다. 마침 전 세계로 뻗어 나가고 있던 서양 사람들은 오랜 항해 생활에서 가장 무서운 질병의 하나인 괴혈병을 어떻게 물리칠 수 있을까 생각하던 중이었다.

싱싱한 채소를 자주 먹으면 문제가 없다는 것은 알고 있었지만 아직 비타민에 대해 알지 못하던 당시 사람들은 신선한 채소 속에는 소다수 속에 있는 바로 그 공기가 많이 있어서 괴혈병을 막아 준다고 잘못 생각하고 있었다.

왕립학회서 금메달

프리스틀리의 연구 결과가 발표되자 영국 왕립학회는 이 연구 결과에 대해 영예의 금메달을 그에게 수여하기로 결정했고, 영국 의사회는 이것이 괴혈병에 효과가 있을 것이라고 영국 해군에 추천했다. 물론 이 방법은 괴혈병의 예방이나 치료에는 전혀 도움이 될 수 없었다.

프리스틀리는 별로 중요하지도 않은 발견으로 당시로서는 과분한 대우를 받은 셈이었다. 그것이 지금처럼 대중의 청량음료가 된 것은 훨씬 뒤의 일이었고, 당시 그가 칭송받은 이유는 소다수가 의학적 가치가 있다고 여겨졌던 데 있었으니 말이다.

그러나 프리스틀리의 진짜 공헌은 1774년 그가 발견한 새로운 종류의 공기 또는 가스에 있다고 해도 과언이 아닐 것이다. 이것 역시 그는 이름을 우리가 지금 알고 있는 그런 것이라 알지 못한 채 발견했는데 이것이 바로 산소였다. 과학사에서 그는 처음으로 산소를 발견한 것으로 인정되어 있다.

그가 소다수를 만드는 데 쓴 탄산가스는 그가 처음 만들어낸 것은 아니었다. 그보다 10여년 전에 역시 영국의 과학자 조셉 블랙이 처음 석회

석을 가열하여 그 가스를 얻어냈다. 그리고 그 가스에는 '고정된 가스'라는 이름이 주어졌다. 보통 공기와는 달리 그 가스는 고체 속에 고정되어 있다가 분리된 것으로 생각됐기 때문이었다.

18세기의 후반에 걸쳐 유럽의 과학자들은 처음으로 공기는 하나의 원소가 아니라 여러 가지가 섞여 있음을 깨닫기 시작했다. 물은 두 가지 기체를 섞어 만들 수 있다는 것도 알게 되었다. 과학자들은 이들 여러 기체에 이름을 붙여 주기 시작했다.

그것을 요즘과 같이 산소, 수소, 질소, 탄산가스 등으로 만들어 근대 화학의 길을 열어 준 사람은 18세기 말의 프랑스 화학자 라부아지에였다.

23_ 신비로운 자석의 힘

자석의 신비로운 힘

쇠붙이를 끌어당기는 자석의 신비로운 힘이 사람들에게 알려진 것은 아득한 옛날부터였다. 기원전 6세기에 이미 그리스의 철학자 탈레스는 옷에 문지른 호박이 종이 조각이나 먼지 따위를 끌어당긴다는 것을 알고 있었다.

마찬가지로 그는 자석이 비슷한 힘을 갖고 있다는 것도 알고 있었다. 말하자면 그는 전기와 자기의 현상을 알고 있었다는 말이 된다. 그러나 탈레스가 전기와 자기를 구별할 줄 알았는지는 의문이다. 그런 상태에서 서양의 자석에 대한 지식은 이렇다 할 변화 없이 근대로 넘어 온다.

오히려 서양보다는 동양에서 자석에 관한 지식이 훨씬 폭넓게 발전되어 갔다. 기원전 2세기에 쓰인 책 「회남자」에는 자석이 쇠를 끌어당기는 현상을 해바라기가 해를 따라 움직이는 것에 비유하여 설명하고 있다. 이런 현상은 모두 물질 사이에 서로 감응하여 일어나는 오묘한 이치를 따른다는 것이다. 특히 이 책에는 자석이란 말이 지금 우리가 쓰는 한자가 아니라 자석(慈石)이라 표현되어 있다.

그보다 3세기 뒤에 나온 왕충의 「논형」이란 책에는 같은 말이 자석(磁石)이라고 지금처럼 쓰여 있으니 이런 두 가지 표현이 옛날에는 함께 사용되었는지도 모르겠다.

19세기 초에 활약한 우리나라의 실학자이며 자연철학자인 이규경의 글에 보면 그는 산의 양(陽)에서 쇠가 나고 산의 음(陰)에서 자(磁)가 생겨난다면서 '자석은 쇠의 어머니'라고 단정하고 있다. 옛날 중국의 「회남

자」에 사용된 표현도 바로 이와 같은 뜻에서 생겨난 것이 아닐까 생각된다.

우리나라에서의 자석에 관한 첫 기록은 「삼국사기」 신라편에 보인다. 669년(문무왕 9년) 당나라의 고종이 법안이란 승려를 신라에 보내 자석을 구했는데 4개월 뒤에 신라는 자석 2상자를 중국으로 보냈다는 기록이 그것이다.

또 15세기에 집필된 「세종실족」의 지리지에 보면 경상도와 강원도의 특산으로 자석이 들어 있기도 하다.

중국에서는 기원전 3세기에 중국을 통일한 진시황에 대한 자석 이야기가 전해지고 있다. 그가 호화로운 궁궐 아방궁을 지은 것은 유명한 일인데 이 궁궐의 모든 문에는 자석이 장치되어 있어서 어떤 무기도 감춰 가지고 들어갈 수 없었다는 것이다. 실제로 그렇게 강한 자석을 문에 시설한다는 것은 그리 간단한 일은 아니었을 것 같다.

이와 비슷한 이야기는 서양에도 없지 않다. 이슬람교의 창시자인 마호메트는 632년 그가 죽자 그의 제자들에 의해 쇠로 만든 관에 넣어졌다. 그리고 이 관은 그의 사당에 보관되어 있는데 이 사당은 너무나 정교하게 설계되어 있어서 천장과 마루에 감춰진 자석의 힘에 의해 마호메트의 철관이 공중에 떠 있게 된다는 것이다. 하지만 실질적으로는 그렇게 강력한 자석을 구하기도 어려웠을 뿐만 아니라 가령 그렇게 강력한 자석은 얻었다 해도 공중에 어떤 물체를 꼼짝 않게 띄워 놓는다는 것은 사실상 불가능하다.

자석을 이용한 나침반

나침반의 발명

자석은 이처럼 아주 옛날부터 사람들에게 알려져 있었지만 그것이 실제로 가장 중요한 역할을 하기 시작한 것은 그것이 나침반으로 이용되면서부터였다고 생각된다. 막대 모양의 자석이 언제나 남북을 가리킨다는 사실을 처음 알고 이걸 이용한 사람들은 중국인이었다.

2천년 전 이전부터 그들은 숟가락 모양의 자석을 돌려 그것이 서는 모양을 보고 점을 쳤다는 기록이 남아 있다. 이것은 분명히 나침반의 원조라 할 만하다. 중국에서는 이것을 나경이라 불렀고 우리나라에서는 흔히 윤도라 하여 좋은 묏자리를 잡는 지관에게 꼭 필요한 도구였다.

나침반은 동양에서 먼저 발명됐지만, 그것이 정말로 유용하게 이용된 것은 오히려 서양에서였다.

12세기쯤 나침반이 서양에 전해지자 그들은 곧 그것을 항해에 이용하기 시작했던 것이다. 지중해를 크게 벗어날 수 없었던 서양의 문명권이 이제 안심하고 대서양 깊숙이 들어갈 수 있게 되었고, 곧 세계 어느 곳에라도 항해가 가능하게 되었다.

나침반이 원양항해에 있어서도 방향을 정확히 가리켜 줄 수 있었던 때문이다. '지구상의 대발견'은 바로 동양에서 전파된 나침반 덕분에 가능했던 셈이다. 이와는 대조적으로 원래 바다와는 관계가 적었던 동양의 나라에서는 나침반이 바다

윌리엄 길버트

[Gilbert, William, 1544~1603] 영국의 의사 · 물리학자. 자기학(磁氣學)의 아버지라고 불린다. 자기 및 지구자기의 현상을 조직적이고 순수 경험적으로 다루어, 지구 자체가 하나의 자석임을 발견하였고, 호박을 마찰하면 전기가 발생한다는 사실을 발견하고, 이를 '엘렉트론'이라고 명명했다.

의 개척으로 이용되지 못한 채 그리 큰 몫을 차지하지 않았다.

서양에서 이처럼 나침반이 중요해지자 그것을 학문적으로 밝혀 보려는 학자가 나타나기 시작했다. 1600년에 영국의 윌리엄 길버트(1544~1603)는 「자석론」을 써서 역사상 처음으로 자석에 대한 이론을 확립하기 시작했다. 그에 의해 처음으로 지구는 하나의 거대한 자석과 같다는 사실이 밝혀졌다.

그전까지는 사람들은 자석이 북극성을 향하는 것으로 짐작했을 뿐 그것이 지구의 북쪽과 남쪽을 가리키는 줄은 알지 못했던 것이다. 그는 복각(伏角)을 밝혀냈고 지구 모양의 둥근 자석을 만들어 여러 실험을 해 보였다. 자력이야말로 지구의 영혼이라 믿었던 그는 나침반을 '신의 손가락'이라 비유하기도 했다. 길버트는 엘리자베스 여왕의 시의였기 때문에 그의 재미있는 자석 실험을 여왕 앞에서 시범보이기도 했다.

그러나 길버트의 진짜 중요한 공헌은 철저하게 실험을 통해 무엇을 증명해 내려는 그의 과학 방법에 있다고 하겠다. 그의 「자석론」을 읽고 갈릴레이는 크게 감명을 받았다고 알려져 있고, 그의 책은 근대과학이 낳은 첫 주요 작품이라 높이 평가되는 것도 이 때문이다. 그 후 우리는 자석에 대해 많은 것을 알게 되었지만 아직도 자석의 본질이 무엇인지를 시원하게 밝혀내지는 못한 상태에 있다.

24_ 문명의 빛, 전기의 발견

전기를 발견한 기록들

전기 없이는 살 수 없는 시대를 우리는 살고 있다.

'전기(電氣)'란 말의 '전'자는 옥편에 보면 '번개 전'이라 풀이돼 있다. 비오는 날 천둥 번개가 치는 것이야 지금이나 옛날이나 마찬가지였고, 따라서 아주 옛날부터 '번개의 기운'이란 뜻에서는 전기를 알고 있었던 셈이다.

하지만 그 전기를 인간이 이용할 수도 있다는 생각이 나오기 시작한 것은 3백년 전의 일이다. 옛날에는 그저 두렵게만 생각되었던 전기가 인간에게 꼭 필요한 존재로 바뀌기 시작한 것이다.

전기를 처음 알게 된 사람은 서양에서는 그리스의 자연철학자 탈레스였다고 적혀 있다. 2천 6백년 전의 일이다. 당시 알려진 전기란 호박을 문지르면 그것은 다른 작은 먼지나 검불 조각을 잡아끄는 힘을 갖게 된다는 사실을 알게 된 정도였다.

물론 호박(琥珀)이란 우리가 국이나 장에 넣어 먹거나 부쳐서 먹는 그런 것이 아니라 지질시대에 땅 속에 파묻혀진 나무진이 일종의 화석으로 변한 것으로 투명 또는 반투명의 누런 광물이다.

동양 사람이나 서양 사람이나 전기에 대한 지식은 이 정도인 채 역사는 흘렀다. 우리 역사에도 전기에 대한 기록이야 얼마든지 발견된다. 다만 그 기록은 모두 천둥 번개가 치고 벼락이 떨어졌다는 것이지 그 원인에 대해 과학적인 생각을 나타내지 않고 있을 뿐이다.

그런 기록은 이미 「삼국사기」에서부터 발견된다. 대체로 벼락의 피해는 시대에 따라 다르게 나타난 것으로 기록되어 있다. 삼국시대에는 주로 절이나 탑에 벼락이 많이 떨어졌고, 고려시대에는 사람, 절, 궁궐에 벼락 떨어진 수가 비슷하다. 그런데 조선왕조로 내려오면 벼락은 단연 왕릉이나 궁궐을 많이 때렸다.

이것은 그대로 사실이라고는 말할 수 없지만 어느 정도 이 시대의 도시 모양의 특징을 보여 주는 것 같아 흥미롭다. 벼락이란 아무래도 위로 솟아 있는 건물에 떨어질 가능성이 높다. 각 시대에 무엇이 제일 큰 건물이었던가를 벼락 통계가 보여준다.

18세기 실학자로 잘 알려진 이익(李瀷)은 그의 글을 모은 「성호사설」에서 정전기 현상을 이렇게 소개했다. '어둠 속에서 고양이털을 가볍게 문지르면 생선 굽는 것 같은 소리와 함께 불꽃이 난다. 또 어둠 속에서 비단치마를 가지고도 비슷한 효과를 얻을 수 있다.' 이익은 이런 일을 체기(體氣 ; 몸의 기운)가 엉겼다가 일어나는 현상이라 설명하고 있다. 전기에 대한 여러 가지 현상을 알고는 있었으나 그 이치에 대해 우리 선조들은 아는 것이 없었음을 보여준다.

게리케

[Guericke, Otto von, 1602~1686] 독일의 물리학자. 마그데부르크에서 태어났고 진공실험으로 유명하다. 저서 《진공에 대하여》에서 당시의 진공에 대한 철학적 논쟁을 비판하고 그 실험적인 해명을 시도하였다. 진공을 만드는 일은 곧 배기(排氣)라는 것에 착안하여, 펌프에 의한 배기실험을 하여 공기펌프를 개발하였다.

서양에서 전기에 대한 지식이 크게 일어나기 시작한 것은 바로 이익이 이런 글을 쓰던 시대였다. 마그데부르크의 시장으로 진공의 실험을 하기 위해 놋쇠로 만든 반구 둘을 결합시켜 그 안의 공기를 빼낸 다음 말 16마리로 그걸 양쪽에서 당기는 실험을 한 것으로 유명한 오토 폰 게리케(1602~1686)는 전기를 일으키는 장치를 만들었다. 황 덩어리를 마른 헝겊으로 문질러 전기를 일으키는 장치를 만든 것이다. 이런 기전기(起電機)로 전기를 만들어 여러 가지 실험이 실시되었다.

전기의 실험

영국의 스테판 그레이(1670~1736)는 이런 정전기 발생장치를 가지고 여러 가지를 실험해 보았다. 물체 가운데는 전기를 잘 전달하는 것과 그렇지 않은 것이 있다는 사실을 알게 된 그는 사람은 도체(導體)인가 부도체(不導體)인가를 확인하기 위해 건강한 젊은이 하나를 줄에 매어 공중에 띄워 놓고 전기를 띤 유리 막대를 젊은이의 발끝에 닿게 하고 자기는 그의 머리에 손을 얹었다. 그가 직접 유리 막대를 만진 것 같이 짜릿한 자극이 손에 왔다. 사람의 몸은 전기를 잘 전해 주는 도체라는 것을 알게 된 것이다.

프랑스의 장 놀레(1700~1770) 신부는 그의 이름답게 사람들을 전기로 '놀래'주는 실험에 열중했다. 어린이를 공중에 매달아 놓고 그 발바닥에 전기를 대면 그의 손끝에 가까이 놓아 둔 금박지 조각이 달라붙는 것을 보여 주어 구경꾼들을 놀라게 했다.

그의 실험 가운데에는 이런 것이 더 유명하다. 프랑스의 왕과 신하들이 지켜보는 가운데 180명의 호위병이 서로 손을 잡고 빙 둘러섰다. 첫 병사가 한 손으로 큼직한 병의 바깥을 잡게 한 다음 마지막 병사에게 그 병의 주둥이에 나와 있는 둥근 꼭지를 만지게 했다. 그 순간 180명의 호위병들은 깜짝 놀라 펄쩍 뛰었다.

이 병은 물론 정전기를 만들어 저장할 수 있는 장치로 1746년 네덜란드의 라이덴 대학 교수 무셴브로크(1692~1761)가 발명해 낸 것이다. 지금도 우

과학자 이야기

장 놀레

[Nollet, Jean Antoine, 1700~1770] 프랑스의 물리학자. 삼투현상을 처음으로 발견하였다. 같은 해 마찰전기도 연구하여 전위계를 제작하였다. 1750년 레오뮈르로부터 라이덴 병(甁)의 보고를 듣고 이를 개량하여, 국왕을 비롯한 많은 사람 앞에서 공개적으로 실험하였다.

리는 이것을 라이덴 병이라고 부른다. 처음 그는 병에 물을 담고 거기 놋쇠 사슬을 이어 놓아 기전기에서 만든 전기가 그 사슬을 통해 물속에 저장되게 했다. 뒤에 이것은 물 대신 은박지를 쓰는 방식으로 개량되었다.

그런데 우리나라에도 150년 전에는 정전기 발생 장치가 들어와 있었던 것으로 밝혀졌다. 이규경(李圭景)의 글에 보면 당시 서울의 몇 집에는 뇌법기(雷法器)가 있었는데 이것은 유리공을 돌리는 장치이며 이것을 돌리면 별이 흐르듯 불꽃이 난다고 적혀 있다.

미국 필라델피아의 인쇄업자였던 40세의 벤자민 프랭클린(1706~1790)은 1747년 전기에 대한 그의 여러 가지 생각을 적어 영국 과학계에 보냈다. 그 가운데에는 번갯불도 일종의 전기일 것 같다는 의견이 있었고, 이것이 또 다른 사람들의 실험을 자극했다.

5년 뒤 프랑스와 미국에서 실험은 서로 모르는 채 진행되어 번갯불이 일종의 전기임이 밝혀졌다. 미국에서의 실험은 프랭클린 자신의 연을 이용한 실험이었다. 그 결과 그는 철사를 하늘 높이 세우고 그 끝을 땅 속에 묻어 두면 그 근처에는 벼락이 떨어지지 않는다는 것을 알게 되었다.

1753년부터 '프랭클린의 막대'가 여기저기에 세워지지 시작했다. 높은 건물에 벼락 떨어지는 것을 막기 위해서였다. 그 후 이것은 피뢰침이란 이름으로 전 세계에 퍼져 갔다. 그러나 이런 지식을 얻어 가는 과정에는 비극도 없지 않았다.

과학자이야기

벤자민 프랭클린

[Franklin, Benjamin, 1706~1790] 미국의 정치가 · 외교관 · 과학자 · 저술가. 지진의 원인을 연구해서 발표하였고, 고성능의 '프랭클린 난로'라든가 피뢰침을 발명하기도 하였다. 1752년 연(鳶)을 이용한 실험을 통하여 번개와 전기의 방전은 동일한 것이라는 가설을 증명하고, 전기유기체설(電氣有機體說)을 제창하였다.

라이덴 병을 처음 만들 때 무센브로크 교수의 제자 한 사람은 실수로 감전하여 얼마 동안 손발이 마비되는 사고를 겪기도 했고, 피뢰침이 나온 1753년 러시아의 성 페쩨르부르그에서는 바로 1년 전 프랭클린이 했던 실험을 해보려다가 게오르그 리히만(1711~ 1753) 교수가 벼락에 맞아 목숨을 잃었다. 과학은 이처럼 위험한 과정을 겪으면서 인간의 지식을 넓혀 준 것이었다.

25_ 진공을 만든 토리첼리

17세기에 토리첼리가 처음 만들어

우리는 진공이 무엇인지 안다. 아무 물질도 없고 공기도 없는 곳이 진공이다.

그러나 350년 전까지 사람들은 진공이란 있을 수 없다고 굳게 믿었다. 진공을 처음 만들어낸 과학자는 이탈리아의 토리첼리이다.

유명한 과학자 갈릴레이의 제자였던 그는 스승이 죽은 이듬해인 1643년 인류 역사상 처음으로 수은통 위에 수은을 가득 담은 유리 기둥을 거꾸로 세워 그 꼭대기에 진공을 만들어내었던 것이다.

진공의 발견이 얼마나 놀라운 사실이었는지 지금 우리들은 짐작하기 어렵다. 우리에게는 그것쯤 아무렇지도 않게 여겨지게 되었기 때문이다. 그러나 고대 그리스 이래 서양 사람들은 이 세상에 아무것도 없는 진공이란 있을 수 없다는 것이 철석같은 믿음이었다. 세상에 아무것도 없는 빈 공간이 어떻게 있을 수 있단 말이냐고 저 유명한 철학자이며 과학자 아리스토텔레스는 반문했다.

그의 주장을 들어 보면 상당히 설득력이 있다. 당시 사람들은 달의 힘이 지구에 미친다고 알고 있었다. 달의 힘 때문에 바다에서는 조수의 간만의 차이가 생기고, 또 여성의 달마다 생기는 생리현상도 달의 영향 때문이라는 것이 당시 사람들의 주장이었다.

그런데 달과 지구 사이에 조금이라도 진공이 있다면 그 힘이 어떻게 지구에 미칠 수 있겠느냐고 아리스토텔레스는 따졌다. 그의 주장을 설명하기 위해 아리스토텔레스는 이런 비유까지 동원했다. 말이 앞에서 달리면 마차가 따라간다. 그런데 말과 마차를 이어주는 끈을 잘라도 말이 달린다고 마차가 따라가느냐는 것이다. 힘을 가해 주는 말과 힘이 가해지는 마차 사이에는 끈이 이어져 있기 때문에 힘이 전달된다.

달과 지구 사이에도 무엇인가가 가득 차 있기 때문에 달의 힘이 지구에 작용할 수 있지, 그 사이가 텅 비었다면 힘이 전달될 수 없다는 것이었다. 한마디로 그의 주장은 무엇이건 힘이 전파되는 데에는 매질(媒質)이 필요하다는 것이었다.

아리스토텔레스 이래 서양에는 '자연은 진공을 싫어한다' 는 말이 널리 퍼졌고, 모두 그렇게 믿고 있었다. 하기야 중세까지의 거의 2천년 동안 아리스토텔레스의 권위에 감히 도전할 사람은 없었다.

그런데 중세(中世)에 이와 관련된 작은 사건이 일어났다. 1640년 이탈리아의 토스카나 대공의 정원에 우물을 파게 되었는데 거기서는 10m를 파 내려가서야 겨우 지하수를 얻을 수 있었다. 그런데 여기에 펌프를 가설하고 일꾼들이 아무리 힘을 들여 펌프를 움직여 보아도 물은 한 방울도 퍼 올릴 수가 없었다. 대공은 마침 갈릴레이의 후원자였다.

당시에는 예술가나 과학자들은 귀족이 재정적으로 후원하던 그런 시대였다. 갈릴레이는 물은 10m 이상 끌어 올릴 수 없다고 설명해 주기는 했지만 아직 완전한 설명을 할 수는 없었던 것 같다.

그것을 완벽히 설명해 주고 진공 이용의 무한한 길을 열어 주기 시작한 사람이 토리첼리였다. 그는 물보다 13.5배나 무거운 수은을 써서 그의 생각을 확인해 보기로 결심했다.

한 끝이 막힌 1m 길이의 유리관을 만들고 거기에 수은을 가득 채운 다음 그 끝을 손가락으로 막고 조용히 수은 통 속에 거꾸로 넣은 다음 수은 속에서 손가락을 떼었다. 그랬더니 수은 기둥은 뚝 떨어져 76cm 높이에 이르고 그 위에는 빈 공간이 생겼던 것이다. 이 빈 공간에 공기나 다른 무엇이 들어있다고는 생각할 수 없었다. 진공이 태어난 것이다.

이 소식은 유럽의 다른 과학자들에게 곧 퍼져 나갔다. 프랑스의 블레즈 파스칼(1623~1662)은 수은 기둥이 76cm라는 것은 수은 그릇의 표면에 미치는 대기의 압력이 그만큼 된다는 것을 의미한다는 토리첼리의 생각이 옳은지 자기가 한번 실험해 보려고 결심했다. 클레오파트라의 코가 조금만 더 높았더라면 세계 역사가 달라졌으리라고 말했다는 바로 그 파스칼이다.

그의 생각으로는 대기 압력은 산 위에는 작아지는 것이 당연했다. 그의 집 근처에는 높이 1천 미터 정도의 삐드돔이라는 산이 있으니 거기 올

토리첼리

[Torricelli, Evangelista, 1608~1647] 이탈리아의 수학자 · 물리학자. 기압계를 발명했으며, 그의 기하학 연구는 적분학의 발전에 큰 도움을 주었다. 갈릴레오의 제안을 따라 1.2m 길이의 유리관을 수은으로 채운 다음 접시 위에 거꾸로 세웠을 때 수은의 일부가 흘러나오지 않고 관 속 수은 위의 공간이 진공으로 되는 것을 관찰했다. 토리첼리는 처음으로 지속적인 진공을 만든 사람이 되었다.

라가 실험해 보리라 마음먹었다. 그러나 그는 당시 건강이 나빠 의사로부터 운동 금지령을 받고 있어 산에 오를 수가 없었다.

그의 매부 페리에가 대신 그 실험을 해 주었다. 정말로 산꼭대기에서 수은주 높이는 23.2인치밖에 되지 않았다. 산 밑에서는 26.4인치였는데……. 계속하여 액체의 성질을 연구한 파스칼은 '유체 속에서는 그 일부에 가한 압력은 모든 방향으로 똑같이 작용한다'는 '파스칼의 원리'를 발견했고, 이것을 이용한 수압기는 오늘날 힘을 절약하는 유용한 도구로 사용되고 있다.

마그데부르크의 실험으로 존재 뚜렷해져

'토리첼리의 진공'에 대한 사람들의 관심은 또 '마그데부르크의 반구(半球)'라는 유명한 사건을 역사에 남겼다. 오토 폰 게리케(1602~1686)는 독일 마그데부르크의 시장이었는데 과학을 좋아하여 여러 가지 실험을 하고 연구를 하는 아마추어 과학자였다.

그는 토리첼리 실험에 흥미를 느껴 자기 집에 10m나 되는 높은 유리관을 설치하여 수은 대신 물을 채워 '토리첼리의 진공'을 만들었다. 유리관 속의 물속에서 나무 인형을 띄워 놓았는데 그 유리관은 적당한 높이에서 가려 놓았기 때문에 날씨가 좋을 때면 그 인형이 떠오르고 날씨 나쁜 저기압 때에는 인형이 밑으로 내려가 보이지 않게 되어 있었다.

그는 지름 10cm 정도의 구리 반구 2개를 잘 접촉시킨 다음 그가 개량한 진공 펌프로 공기를 빼냈다. 그 구리 반구 둘은 아무리 떼어내려고 힘을 주어도 떨어지지 않았다.

1651년에는 황제 페르디난드 3세 앞에서 양쪽에 말 8마리씩이 반대로 끌어 겨우 이를 떼어낼 수 있었다. 폭발하는 듯한 무서운 소리와 함께 '마그데부르크의 반구'는 떨어진 것이다.

코르크 마개를 돌려 공기를 넣어 준 다음에는 어린 아이라도 간단히 그 반구를 떼어낼 수 있었다.

이제 아무도 진공의 존재를 부인할 수 없게 된 것이다.

26_ 온도계의 발명과 발달

온도계의 발달

날씨가 덥고 추운 것을 우리는 온도로 나타낸다. 감기가 걸려 몸에 열이 날 때에 의사 선생님은 체온계로 우리의 몸 온도를 재어 감기가 얼마나 심한가를 진단하는 데 참고한다. 체온계로 많이 사용되는 수은 온도계는 수은이 열을 받으면 부피가 커지는 것을 이용하여 만드는 것이다.

이걸 잘 들여다보면 먼저 아래 부분에 수은이 제법 많이 들어 있는 둥근 수은 주머니가 달려 있음을 알 수 있다. 이 부분에 열을 가해 주면 수은은 팽창하여 거기 이어져 있는 가는 모세관 속으로 수은을 밀어 올려 준다. 수은 기둥은 보기 쉬우라고 그 둘레가 둥근 유리로 덮여 두터워 보이게 되어 있지만 사실은 아주 가는 관인 것이다.

온도계에는 이것 말고도 여러 가지가 있다. 수은 대신 알코올을 넣은 것도 있는데 보통 빨간 물감을 넣어 그 기둥이 빨갛게 나타나도록 만들었다. 또 벽에 걸어 놓고 집안 온도를 재는 바늘 달린 온도계는 두 가지 다른 금속을 붙여 만든 것으로 이들 금속은 온도에 따라 팽창하는 정도가 틀리기 때문에 이 접촉된 금속은 휘어지게 되어 거기 달아 놓은 바늘을 돌려주는 것이다. 그밖에도 용도에 따라 온도계는 얼마든지 다른 것들이 만들어져 사용되고 있다.

뜨겁고 찬 정도를 숫자로 나타낸 것이 온도이다. 지금 우리들에게는 온도라는 것이 조금도 이상할 것 없는 누구나 아는 일이지만 3백 년 전에는 아무도 아직 '온도'란 것을 생각도 하지 못하고 있었다. 물론 뜨겁다거나 차다는 것이야 아주 옛날부터 알고 있었다. 하지만 뜨겁고 찬 정도를 재어 본다는 생각은 3백 년 전부터서야 시작되었다는 말이다.

온도를 처음 재려고 생각한 사람은 이탈리아의 갈릴레이였다고 전해진다. 그보다 좀 뒤의 뉴턴은 1701년 물의 어는 온도를 0도로 하자는 말을 한 일이 있다. 또 어떤 사람은 사람의 체온을 기준으로 삼아 물의 어는 온도와 체온 사이를 12등분 하자는 주장을 한 일도 있다.

그렇지만 진짜 온도계가 나타난 것은 1724년 독일의 물리학자이며 기술자 화렌하이트(1686~1736)가 실제로 사용할 수 있는 정밀한 눈금의 온도계를 만들어내면서부터였다. 네덜란드에 가서 상인으로 일하던 그는 유리기술을 배워 여러 가지 기구를 만들다가 온도계를 만드는 데 성공했다.

이 온도계로 그는 여러 가지 액체의 끓는 온도를 재어 보고 또 이 끓는점이 공기의 압력과 관계있다는 사실도 알아냈다. 특히 그는 지금까지 널리 사용되는 '화씨'눈금을 처음 만든 것으로 역사에 그 이름을 남겼다. 처음 그는 눈과 소금을 섞은 것의 온도와 사람의 체온 두 가지를 기준으로 그 사이를 96등분하는 방법을 썼으나 그 뒤 이것이 개량되어 얼음이 녹는점을 32도, 물의 끓는점을 212도로 하여 오늘에 이르고 있다.

1730년 프랑스의 레오뮈르(1683~1757)는 수은 온도계 대신 알코올을 쓰자고 주장했다. 물의 어는점과 끓는점에서 알코올의 부피는 1,000과 1,080이 된다고 말한 그는 물의 어는점을 0도로 하고 끓는점을 80도로 하자고 내세웠다. 그의 방식은 한참 동안 '열씨' 눈금으로 알려져 사용되었으나 지금은 거의 잊혀져 버렸다.

지금 우리나라에서 가장 널리 쓰이는 눈금이 '섭씨'이다. 이 방식은 1742년 스웨덴 웁살라 대학 교수 셀시우스(1707-1744)가 주장한 것으로, 레오뮈르가 80으로 나눈 것을 100으로 나눈 것만이 다른 셈이다. 지금 우리들은 '섭씨'를 사용하지만, 미국 사람이나 그 밖의 많은 서양 사람들은 '화씨'를 쓰고 있다. 그런데 따지고 보면 우리가 지금 '화씨, 섭씨'라고 이름 붙여 쓰고 있는 이유는 좀 우스운 일이 아닐 수 없다. 원래 중국 사람들이 19세기에 이런 것을 배워 오면서 셀시우스, 화렌하이트, 레오뮈르의 이름을 각각 한자로 표기하고 그것을 줄여 '섭시'(攝氏), '화씨'(華氏), '열씨'(烈氏)라 한 것을 우리는 한자 발음이 중국과 달라 이렇게 쓰는 것이 잘못인데도 불구하고, 중국식을 그대로 쓰고 있는 것이다.

과학자 이야기

셀시우스

[Celsius, Anders, 1701~1744] 스웨덴의 천문학자, 물리학자. 웁살라 천문대를 세웠다. 16년간에 걸쳐 오로라를 관측하고 그 결과를 발표하였다. 물리학에서는 1742년에 100분 눈금의 한란계를 창시하여, 현재 전 세계적으로 쓰이는 섭씨온도계의 기원이 된 것으로 잘 알려져 있다.

열의 정체

이처럼 온도계는 발달했지만 열이 정말 무엇인지에 대해서는 아는 사람이 없었다. 온도계가 발달했던 18세기 동안 모든 과학자들은 온도를 올려 주는 열이란 일종의 물질일 것이라고 짐작하고 있었다. 산소, 수소 등의 이름을 처음 지어 준 근대 화학의 아버지 라부아지에조차 열이란 산소, 수소, 금, 수은 같은 원소라 생각하고 그것을 열소(熱素)라 불렀다. '열소'란 말은 '열의 원소'라는 뜻이다.

이런 잘못은 라부아지에가 죽은 지 얼마 되지 않아 고쳐지기 시작했다. 특히 럼포드 백작(1753~1814)은 대포의 포신을 깎아내는 데 엄청나게 많은 열이 나오는 것을 측정한 결과 그것은 쇠 속에 있던 열소가 빠져나온 것일 수는 없다는 사실을 증명해 주었다. 원래 미국인이었던 그는 미국 독립 운동가들에게서 반역자로 의심을 받아 유럽으로 건너가 신성로마제국의 백작이 되고 뒤에는 영국에서 크게 활약한 과학자였다. 그의 제자인 영국의 데이비(1778~1829)는 진공 속에서 두 덩어리의 얼음을 서로 마찰하여 열이 생긴다는 사실을 증명했다.

원래 이름이 벤자민 톰슨이었던 럼포드 백작은 런던에 왕립연구원이란 기관을 만들어 영국에 과학을 보급하고 발전시키는 데 힘썼는데 데이비는 럼포드가 죽은 뒤 이 기관의 책임자가 되었다. 또 바로 그의 뒤를 이어 이 연구원에서 과학 연구와 보급에 크게 활약한 사람이 유명한 패러데이였다.

우리나라 학자의 글에 온도계가 처음 나타난 것으로는 1836년 최한기(崔漢綺)가 쓴 글에 온도계가 '냉열기'(冷熱器)란 이름으로 기록돼 있다. 찬 것(냉)과 뜨거운 것(열)을 재는 그릇이란 뜻이다. 아직 우리나라에 온도계가 들어온 것은 아닌 채 서양의 온도계에 대해 조금씩 알기 시작했음을 보여 준다.

27_근대화학의 시작, 원자의 발견

원자의 발견

지금부터 약 200여 년 전의 어느 날 멋지게 차려 입은 군인들의 행진을 구경하던 소년 돌턴은 그 군복의 색깔이 초록이라고 생각했다. 그러나 그가 군복의 초록색에 대해 말하자 그의 친구들이 어처구니없다는 듯 입을 딱 벌렸다. 그것은 초록빛은커녕 빨간 군복이었던 것이다. 그때에서야 돌턴은 그의 눈이 남들과는 다르다는 것을 알게 되었다. 그는 빨강과 초록을 구별할 줄 모르는 색맹이었다.

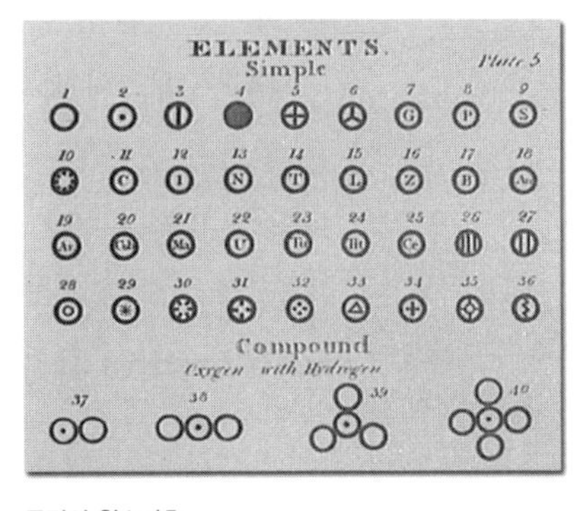

돌턴의 원소기호

바로 이 소년이 근대 화학의 발달을 위한 첫발을 내디딘 존 돌턴(1766~ 1844)이었다. 1803년 그는 모든 물질은 '원자'라는 더 잘라지지 않는 알맹이로 되어 있다는 생각을 발표하여 물질세계의 근본을 연구하는 좋은 길잡이를 만

돌턴

[Dalton, John, 1766~1844] 영국의 화학자 · 물리학자. 근대 원자론(原子論)을 제시여 화학기호 체계를 고안했으며, 각 원자들의 상대적인 무게를 확정해 표로 만들었다. 서로 다른 원소들의 화학결합이 단순한 산술적 무게비를 따라 일어난다는 이론을 제시해 일정성분비 및 배수비례의 법칙을 세우는 데에도 이바지했다.

들어 주었던 셈이다.

돌턴에 의하면 같은 원소의 원자는 서로 크기와 모양, 무게와 성질이 모두 같다. 하지만 서로 다른 원소의 원자는 서로 다르다는 것이었다. 그는 이런 생각을 1808년 「화학의 새로운 체계」라는 책을 써서 보다 자세하게 발표했다.

또 그는 각각의 원자를 부호로 나타내는 방법을 고안해내기도 했는데, 산소 원자는 그냥 동그라미로 나타냈고, 수소 원자는 동그라미의 한가운데에 점을 찍어 표시했다. 탄소는 원을 까맣게 칠해서 나타냈고, 원 안에 줄을 하나 그으면 질소를 표시했고, +를 그려 넣으면 황을 나타낸다.

돌턴보다 20년쯤 전에서야 서양 사람들은 그리스 시대의 4원소라는 생각을 집어 던지고 새로운 원소에 대해 눈을 떴다. 이 세상의 모든 것은 불, 공기, 물, 흙의 4가지 원소에서 만들어졌다는 옛주장이 잘못이라는 사실이 밝혀졌던 것이었다.

특히 프랑스의 라부아지에는 불이란 원소가 아니라 산소가 급하게 다른 원소와 결합하는 것이라고 밝혀내었으며, 물도 원소가 아니라 산소와 수소라는 두 가지 원소가 결합된 것임을 보여 주었다. 이처럼 원소에 대한 새로운 이론이 나왔고, 라부아지에는 33가지의 원소를 기록했지만, 그 원소들이 어떻게 생겼는지는 아직 생각해 보지 않고 있었다.

원자는 분자를 만들어 존재

서로 다른 원소는 서로 다른 원자로 되어 있다는 돌턴의 주장은 사실은 이미 그리스의 데모크리토스가 주장했던 원자설(原子說)이었다. 옛날 그리스의 철학자는 아무 증거도 없이 그냥 물질은 모두 원자로 되어 있다고 주장했기 때문에 별로 관심을 끌지 못했던 것과는 달리 돌턴의 원자설은 당장에 많은 사람들의 환영을 받았다.

그렇지만 돌턴은 아직 원자는 그냥 원자로 있는 경우보다는 분자(分子)를 만들어 존재한다는 사실을 미처 생각하지 못했다. 1811년에 이탈리아의 아보가드로(1776~1856)는 왜 2부피의 수소와 1부피의 산소가 결합하면 3부피의 수증기를 만들지 않고 2부피의 수증기만을 만들게 될까 궁리하던 끝에 '분자'라는 생각을 하게 되었던 것이다.

즉 산소, 수소 등은 그냥 원자가 그대로 있지 못하고 2원자씩이 뭉쳐져 있게 되며 이것이 산소 또는 수소의 분자라고 주장했던 것이다. 돌턴은 끝까지 분자란 것을 인정하지 않으려 했지만 지금은 분자란 말은 원자란 말 못지않게 중요한 생각이 되어 있다. 우리는 물이란 수소 원자 2개와 산소 원자 1개가 결합된 분자라는 사실을 알고 있고, 그것을 H_2O라고 표시한다.

물을 H_2O라 나타내는 방식은 돌턴의 식이 아님을 금방 알 수 있다. 돌턴의 방식으로는 동그라미로 산소를 나타냈고 그 안에 점을 찍어 수소를

과학자이야기

아보가드로

[Avogadro, Amedeo, 1776~1856] 이탈리아의 물리학자. 형제 공동으로 전기학에 관한 최초의 과학논문을 발표하였고, 온도와 압력이 같을 때 서로 다른 기체라도 부피가 같으면 같은 수의 분자를 포함한다는 아보가드로의 법칙을 발표했다.

표시했기 때문이다. 오늘날 우리가 쓰고 있는 이런 영어 글자로 원소를 표시하는 방법은 원자의 여러 가지 성질을 연구하여 19세기의 위대한 화학자로 이름을 남긴 스웨덴의 베르셀리우스(1779~1848)가 시작한 방법이다.

그는 원소의 라틴어 이름에서 한 자나 두 자를 따서 원소 기호로 쓰는 방식을 채택했던 것이다. '이산화탄소'란 말은 CO_2를 가리키는 말로 곧 탄산가스를 가리키게 되었고, 소금은 '염화나트륨' 즉 NaCl로 나타낼 수 있게 되었다.

베르셀리우스

[Berzelius, Jons Jacob, 1779~1848] 스웨덴의 과학자. 염류수용액의 전기분해를 함으로써 산성과 염기성 성분이 각각 양극과 음극에 모인다는 것을 밝혔으며, 세륨, 셀렌, 토륨 등도 발견하였다. 그 외 많은 연구와 함께 라틴명, 때로는 그리스명의 머리글자를 원자기호로 쓰는 것을 고안하였다.

그와 함께 19세기 동안 많은 학자들은 원소를 비교하여 서로 다른 성질을 연구해내고 그 무게가 서로 틀리는 것을 아주 자세하게 알아내어 그것을 '원자량'이라 불렀다. 또 서로 다른 결합하는 성질을 밝혀내어 '원자가'를 말하게도 되었다.

또 원소의 종류도 자꾸만 더 발견되어 1860년대에는 라부아지에가 처음 생각했던 33개의 2배를 넘게 되었다. 그런데 이들 60가지가 넘는 원소를 잘 살펴보면 아주 이상한 현상을 발견하게 된다. 원소마다 무게와 색깔 성질이 모두 다르지만 그 가운데에는 아주 비슷한 원소들이 있다는 사실을 알게 된 것이었다. 왜 어떤 원소들은 서로 비슷한 성질을 보이는 것일까?

영국의 뉼랜즈(1837~1898)는 1864년 아주 재미있는 사실을 발견하여 이를 발표했다. 원소를 무게의 차례대로 즉 '원자량'의 크기대로 차례로 벌여 놓았더니 8번째의 원소가 비슷한 성질을 나타냈다는 사실을 알게 된 일이었다. 그는 음악을 공부한 경험을 살려 이 현상을 '옥타브의 법칙'이라 불렀다.

그러나 이 성질을 보다 완전하게 알아내어 우리가 지금 사용하고 있는 '원소의 주기율표'를 만들어낸 사람은 러시아의 멘델레예프(1834~1907)였다. 당시 알려져 있던 63개의 원소를 멘델레예프는 원자량에 따라 수소에서 시작하여 우라늄까지 차례로 배열했다. 그는 이렇게 만든 '주기율'에 확신을 갖고 있었기 때문에 그의 표에는 빈 칸을 남겨 놓고 그 자리에는 대강 어떤 성질을 가진 원소가 발견될 것까지를 미리 예언해 두었다.

그의 예언대로 빈자리에는 새로운 원소가 계속 발견되어 빈칸이 채워졌고, 지금도 과학자들은 인공 원소를 만들어 멘델레예프의 주기율표를 100개 이상의 원소로 장식해 주고 있다.

과학자이야기

멘델레예프

[Mendeleev, Dmitrii Ivanovich, 1834~1907] 러시아의 화학자. 당시에 알려져 있던 63종의 원소배열순서를 생각하는 과정에서 원소의 주기분류법을 개발했다. 마지막으로 작성된 주기율표에 있는 빈 공간은 아직 알려지지 않은 원소들로 채워질 것이라고 예언했으며, 그 가운데 3개 원소의 성질을 예측했다.

28_ 전지의 발명과 이용

전지를 처음 만들어낸 볼타

전기를 저장했다가 쓰는 장치가 전지다. 엄밀히 말하자면 저장된 전기를 쓰는 자동차의 배터리 같은 장치는 2차 전지라 부르고, 손전등이나 라디오에 쓰는 것이나 전자계산기나 시계에 들어 있는 납작하고 손톱만 한 전지는 1차 전지라 말하기도 한다. 배터리를 우리말로 흔히 '축전지'(蓄電池)라 부르는 것도 당연한 일이다. 어느 경우건 우리들이 필요할 때 언제나 전기를 공급해 준다는 편리함에 있어서는 마찬가지라고도 할 만하다.

지금 우리들이 심상하게 쓰고 있는 전지도 그 역사를 돌이켜 보면 재미있는 이야기가 없지 않다. 물론 전지의 역사를 말하자면 먼저 전기의 역사부터 간단하게 알아 볼 필요가 있다. 전기 현상에 대한 인간의 지식은 태고 시절로 거슬러 오른다. 이미 호박이나 유리를 옷에 문질러 마찰

전기가 생기는 것을 옛 사람들이 알고 또 이용했다는 사실을 우리는 앞에서 살펴 본 일이 있다. 전기가 흐르지 않고 정지되어 있다고 해서 이런 것을 우리는 정(靜)전기라 부른다.

이런 정전기 현상에 대해서는 동양이나 서양 사람들이 아주 옛날부터 알고 있었다. 그리고 이를 모아 보려는 장치가 17세기부터 나왔고, 그것이 드디어 라이덴 병으로 나타났으며, 미국의 프랭클린은 연의 실험으로 번개가 다름 아닌 하늘의 전기 작용이라는 사실을 알아냈고, 벼락을 미리 막을 수 있는 장치로 피뢰침을 만들기도 했다는 것을 이미 소개했다.

그러나 그런 현상이나 라이덴 병 등은 모두가 순간적으로 전기가 흐르면 그 뿐이지 전기를 계속적으로 흐르게 해 주는 것이 아니었다. 1800년쯤부터 나오기 시작한 전지는 바로 이런 문제를 해결해 주어 인간의 전기에 대한 이해를 높여 주고 전기를 이용할 수 있는 길을 활짝 열어 준 사건이었다. 인간을 전기의 시대로 안내해 준 것이 바로 전지의 발명이었다.

지속적인 전기를 공급해 주는 전지를 처음 만든 사람으로는 이탈리아의 알렉산드로 볼타(1745~1827)를 들 수 있다. 전압의 단위 '볼트'에 그의 이름을 남긴 볼타는 같은 이탈리아 사람 루이지 갈바니(1737~1798)의 유명한 개구리 실험 이야기에 자극을 받아 그의 전지를 만들어내게 되었다. 우연히 개구리 다리 근육이 금속 칼을 대면 경련하는 것을 관찰한 갈바니는 근육 속에 전기가 있다고 생각하여 '동물전기'에 대한 이론을 발

과학자이야기

볼타

[Volta, Alessandro Giuseppe Antonio Anastasio, 1745~1827] 이탈리아의 물리학자. 그가 발명한 전지로 인해 처음으로 연속 전류를 얻을 수 있었다. 전기에 대한 볼타의 관심은 1775년 정전기를 발생시키는 데 사용하는 기구인 기전반(起電盤)을 발명하기에 이르렀다.

갈바니

[Galvani, Luigi, 1737~1798] 이탈리아의 의학자 · 생리학자 · 물리학자. 해부실험중 개구리의 다리가 기전기(起電機)의 불꽃이나 해부도(解剖刀)와 접촉할 때 경련을 일으키는 것을 발견하고, 그 현상을 연구한 결과 이것이 전기와 관계가 있다는 사실을 알게 되었다.

표했다.

이 발표에 흥미를 느낀 파도바 대학교수 볼타는 연구와 실험을 거듭한 끝에 '동물전기(動物電氣)'란 없으며 묽은 황산에 아연판과 구리판을 넣기만 하면 지속적인 전기를 얻을 수 있음을 발견했다. 이 방법으로 만든 전지는 1800년에 세상에 공개되었고, 이 방법은 오늘까지 건전지와 축전지, 또는 1차 전지와 2차 전지의 기본 원리가 되어 있다.

그런데 아주 흥미롭게도 갈바니와 볼타의 이야기는 우리나라 최초의 신문 〈한성순보〉 제4호(1883년 11월 30일자)에 자세히 실려 있다.

그 이야기에 의하면 갈바니의 아내는 오래 병으로 앓고 있었는데 다른 약이 필요 없이 개구리탕이 제일이었다. 1790년 어느 날 갈바니는 아내에게 개구리탕을 끓여 주려고 준비하다가 그의 제자들이 우연히 칼을 개구리 다리에 대자 개구리의 근육이 경련하는 것을 보게 되었다는 것이다.

사실인지는 분명치 않지만 이 일화는 서양에는 그것이 잘 알려진 것이어서, 개화기에 중국을 통해 우리나라에 전해진 것이다. 다만 서양에서는 이것이 1786년의 사건으로 되어 있는데 〈한성순보〉에는 1790년이라 되어 있다. 이 글은 순한문으로 쓰여 있는데 갈바니는 '알리법니'로, 볼타는 '불이탑'으로 표기되었다.

물이 산소와 수소의 결합으로 생긴 것임을 증명한 것도 물의 전기 분해 덕택이었다. 19세기에 화학이 크게 발달하는 데에도 전지는 한몫 단단히 한 셈이었다. 또 전지를 이용한 각종 실험과 연구에서 전기의 본질에 대한 것이 하나하나 밝혀지기 시작했고, 1820년에는 전기를 흘려주면 그 도선의 둘레에 자기가 생긴다는 사실이 덴마크의 한스 외르스테드(1777~1851)에 의해 발견되었다.

전지의 생활화

전지를 이용하여 가장 뚜렷한 공을 남긴 사람으로는 영국 런던의 왕립연구원에서 연구하던 과학자 험프리 데이비(1778~1829)와 그의 후계자 마이클 패러데이(1791~1867)를 들 수 있다. 광산에서 쓰는 안전등을 발명하기도 했고, 진공 속에서 얼음 조각을 마찰하여 녹이는 실험을 한 것으로도 유명한 데이비는 전지를 이용한 전지 분해로 나트륨, 칼륨 등 새 원소를 만들었고, 전기 문제에 대한 당시의 가장 권위자로 꼽혀 유럽 전체에 이름을 날렸다. 그의 이름은 어찌나 유명했던지 당시 나폴레옹이 지배하던 프랑스는 영국과는 전쟁 중이었는데도 데이비만은 자유롭게 적국 프랑스에 초청되어 여행을 할 수 있었을 정도였다.

데이비를 이어 왕립연구원을 떠맡았던 패러데이는 천재적인 실험 과학자였다. 가난한 대장장이의 아들로 태어나 사환과 견습공을 거쳐 독학으로 과학자가 된 그는 전자석을 써서 전기를 일으킬

과학자이야기

패러데이

[Faraday, Michael, 1791~1867] 영국의 화학자 · 물리학자. 벤젠 발견 등 실험화학상 뛰어난 연구를 하였고, 물리학의 전자기학 부분에서 여러 가지 전기의 동일성을 간파, 보편성을 가진 통일 개념으로서의 전기를 제창하였다.

수 있음을 알아냈다. 또 전자석 가운데에서 연속 회전 운동을 일으키는 데에도 성공했다. 전기 모터를 만들 수 있게 되고, 발전기도 만들 수 있음이 확실해진 셈이다.

당시 시민들에게 과학 실험을 보여 주고 강연을 하는 것이 왕립연구원에서의 그의 일이기도 했다. 하루는 그가 이런 전기와 자기 사이의 관계를 보여 주는 실험을 해 보이자 어느 부인이 그런 실험이 무슨 쓸모가 있느냐고 따지듯이 물어 왔다. 이에 대해 패러데이는 이렇게 대답했다.…… '부인, 갓난아이가 무슨 쓸 데가 있을까요?'

패러데이가 세상을 떠난 1867년까지도 전기는 아직 갓난아이에 지나지 않았다. 앞으로 이 갓난아이가 어떤 일을 하게 될지 아무도 장담할 수 없었던 것이다. 그러나 그 후 120년 동안 전기가 얼마나 많은 일을 해 왔는지 지금 우리는 너무나 잘 알고 있다.

29_ 모든 생물은 진화한다

생물은 변화한다

'콩 심은 데 콩 나고, 팥 심은 데 팥 난다.' 정말로 틀림이 없는 말이다. 동물학의 아버지라는 그리스의 과학자 아리스토텔레스는 생물의 종류는 절대로 변하지 않는다고 말했다. 그의 주장을 받아서 기독교에서는 모든 생물은 신이 창조한 것이고, 신이 만들어 준 그대로 변하지 않고 번식할 뿐이라고 말했다. 스웨덴의 목사 아들로서 근대적인 생물분류학의 개척자로 유명한 칼 린네(1707~1778)도 생물의 종(種)은 신이 창조한 그대로 영원불변이라고 주장했다.

과학자이야기

다윈

[Darwin, Charles Robert, 1809~1882] 영국의 생물학자. 해군측량선 비글호에 박물학자로서 승선하여, 남아메리카 · 남태평양의 여러 섬과 오스트레일리아 등지를 항해 · 탐사했고 그 관찰기록을 출판하여 진화론의 기초를 확립하였다. 1859년에 진화론에 관한 자료를 정리한 《종(種)의 기원(起原)》이라는 저작을 통해 진화사상을 알렸다.

이런 굳은 신념에 조금씩 변화가 일기 시작

한 것은 사람들이 여러 가지 새로운 사실을 알게 되었기 때문이다. 지구상의 대발견이 계속되면서 사람들은 아프리카와 동남아시아, 그리고 신대륙 아메리카에서 갖가지 새로운 생물을 채집하여 그들의 생물학 지식을 넓힐 수 있었다.

또 철도를 놓고 광산을 개발하면서 사람들은 많은 화석을 얻어내게 되었는데 이것도 문제가 아닐 수 없었다. 그렇지만 아직도 어떤 사람은 신의 천지 창조는 기원전 4004년 10월 26일 아침 9시라고 주장했다.

점점 박물학자들은 종의 변화가 가능하다고 생각하기 시작했다. 조르즈 뷔퐁(1707~1788)은 당나귀는 말에서 퇴화한 것이며, 원숭이는 사람에서 퇴화한 것이라며 생물의 종이 변화하는 것을 곧 퇴화라고 생각했다.

조르즈 퀴비에(1769~1832)는 지상에는 여러 차례 큰 변동이 있었고 그때마다 신이 다른 생명을 지상에 창조해 놓았다고 설명했다.

이들 가운데 가장 널리 알려진 라마르크(1744~1829)는 용불용설(用不用說: 생물 개체에 있어서 많이 사용되는 기관은 발달하고 많이 쓰이지 않는 기관은 발달하지 못하고 마침내 소실한다는 학설)을 가지고 새로운 종이 생겨난다고 주장했다. 두더지와 기린을 예로 들어 그는 동물에서 충동이나 욕망이 강하면 그 부분이 발달하고 그렇지 않으면 그 부분이 퇴보한다고 생각했다. 두더지의 눈은 땅 속에서 거의 쓸 일이 없으므로 퇴화해 버리고 기린의 목은 더욱 높은 가지의 잎을 먹으려고 발달하다 보니

라마르크

[Lamarck, Jean-Baptiste de Monet, 1744~1829] 프랑스의 박물학자 · 진화론자. 생명이 맨 처음 무기물에서 가장 단순한 형태의 유기물로 변화되어 형성된다고 하는 자연발생설을 역설하면서 이것이 필연적으로 여러 기관을 발달시키고 진화시켜 왔다고 주장하였다. 진화에서 환경의 영향을 중시하고 습성의 영향에 의한 용불용설을 제창하였다.

목이 긴 기린으로 발달한 것이라고 그는 설명했다.

다윈의 생존경쟁설

이처럼 여러 학자들이 생각하고 있던 생물의 진화를 확실한 이론으로 정리해낸 사람이 영국의 박물학자 찰스 다윈(1809~1882)이었다. 미국의 제16대 대통령 링컨과 같은 날 세상에 태어난 그는 처음 의사가 되기 위해 에딘버러 의과대학에 갔지만 2년 만에 그만두고 케임브리지대학에서 신학을 공부했다.

1831년 대학을 나왔지만 목사가 될 생각은 아니었다. 대학에 다닐 동안 그가 한 일이라고는 곤충 채집이 전부였고, 왜 하나님은 그 많은 종류의 딱정벌레를 따로 따로 만들었을까하는 것이 의문이었다. 어쩌면 하나님은 한 가지 딱정벌레만 만들었는데 그것이 어떤 이유로 여러 가지 종류로 바뀌게 된 것이 아닐까?

졸업과 함께 그에게는 이런 생각을 정리해 볼 수 있는 좋은 기회가 찾아왔다. 영국 해군의 해양탐사선 비글호를 타고 5대양을 여행할 수 있게 된 것이었다. 비글호의 항해를 통해 그는 많은 자료를 모을 수가 있었다. 특히 1835년 9월, 일행이 갈라파고스 섬에 도착했을 때 다윈은 아주 흥미 있는 사실을 보게 되었다.

남아메리카에서 350㎞쯤 떨어진 태평양에 있는 섬은 대륙에서는 아주 멀리 떨어져 있지만 여러 개의 섬이 아주 가깝게 붙어 있는 곳이며 영국의 식민지였다. 그런데 가까운 이웃 섬 사이에도 거기 살고 있는 거북의 모양이 달라서 그곳의 영국인 총독은 거북만 보면 어느 섬인지를 알 수 있다는 것이었고, 섬마다 참새의 부리 모양이 서로 다른 것이었다. 왜 육지에서는 아주 멀리 떨어져 있는 이들 섬 사이에 이렇게 서로 다른 동물의 분포가 생긴 것일까?

그는 항해 중 읽은 지질학 책을 통해 지구의 나이는 그때까지 사람들이 생각했던 것보다는 엄청나게 길다는 것을 알고 있었다. 이렇게 긴 시간 동안에 다른 조건 속에 살게 된 동물은 그 조건에 따라 아주 조금씩 바뀌어 오랜 시간이 지나면서 다른 종이 생긴 것이라고 믿을 수밖에 없었다. 항해에서 돌아온 다윈은 맬더스가 지은 「인구론」을 읽고 그 조건의 가장 중요한 것이 바로 생존경쟁이라고 확신하게 되었다.

사람들은 좋은 품질을 기르기 위해서는 나쁜 것을 버리고 좋은 놈만을 골라 번식시켜 준다. 이런 과정을 오래 거치는 동안 정말로 좋은 품질만이 살아남고 나쁜 것은 없어져 버리지 않는가? 자연 속에 있기 마련인 생물 사이의 생존경쟁이 바로 이런 선택을 저절로 해 주는 것이라고 다윈은 생각했다.

이런 생존경쟁에서 조금이라도 유리한 특징을 가진 놈은 살아남게 되고, 이런 과정이 자연 속에서 수백만 년 끊임없이 계속되는 동안 생물은 그 환경 조건에 따라 여러 종류로 바뀌게 된 것이라고 그는 결론을 내렸던 것이다.

이 결론을 1859년 책으로 엮어낸 것이 유명한 「종의 기원」이다. 다윈의 진화론은 처음에는 기독교의 심한 반발을 받았다. 특히 사람과 원숭이가 사촌쯤이 될 수 있다는 설명이 불쾌했기 때문이다. 그러나 시간이 지나면서 진화론의 영향은 전 세계를 휩쓸기 시작했다. 자연계나 마찬가지로 인간 사회도 생존경쟁이 지배한다는 생각이 널리 퍼졌다. 생존경쟁, 적자생존, 약육강식 등의 말이 유행어가 되었다. 어떻게든 살아남아야 한다는 생각이 세상 사람들을 사로잡았다. 사회도 진화론에 따라 발전한다는 믿음을 역사에서는 '사회적 진화론'이라 부른다.

지금 우리나라의 부모님들이 걸핏하면 '생존경쟁'을 말하며 그 아들딸에게 공부를 열심히 하라고 다그치는 것도 따지고 보면 다윈주의의 영향이다.

지금 우리들은 가장 유명한 과학자를 고르라면 아마 아인슈타인을 꼽는 사람이 많을 것이다. 그러나 70년 전에는 이 나라에서 가장 유명했던 과학자는 단연 찰스 다윈일 정도로 그의 진화론은 과학의 이론으로서보다도 오히려 '사회적 진화론'으로 더 인류에게 깊은 영향을 주었던 것이다.

30_ 빛의 정체를 밝힌 사람들

빛이란?

빛이란 무엇일까? 성경에는 하나님이 이 세상에 처음 보내준 것은 바로 빛이었다고 쓰여 있다. 사실 빛이 없다면 우리는 아무것도 볼 수가 없었을 터이니 빛처럼 귀한 것도 없으리라는 생각이 든다. 옛사람들은 빛이란 것도 공기나 물과 비슷한 물질일까 하고 생각해 보았다.

그러나 빛은 그릇에 담을 수도 없고, 봉지에 가둘 수도 없으니 그런 것과는 다른 것임이 분명했다. 좌우간 빛이 무슨 힘 같은 것임은 확실해 보였다. 특히 햇빛처럼 대개의 빛이란 열을 함께 데리고 다니는 것과도 같아서 그런 생각을 갖게 해 주었다.

이런 빛에 대한 수수께끼가 풀리기 시작한 것은 과학이 발달하기 시작한 17세기쯤부터의 일이었다. 17세기라면 우선 망원경이 처음 만들어진 것을 생각할 수가 있다.

1608년에 네덜란드의 어떤 안경집 주인이 망원경을 만들었다는 이야기를 전해들은 이탈리아의 갈릴레이는 자기도 망원경을 만들어 그것으로 하늘의 천체를 관찰하여 많은 놀라운 사실을 발견했다.

그가 망원경을 만들어 유럽 사람들의 호기심을 자극하기 시작한 1609년 이후 망원경은 세계로 퍼져 나갔다. 우리나라에도 1631년 중국에 다녀온 사신이 망원경을 가져왔을 정도였다. 그리고 17세기 후반에는 현미경도 발명되어 사용되기 시작했다. 사람들은 더욱 더 빛에 대한 생각을 깊이 가지게 되었다.

망원경이나 현미경이 나오기 전부터 이미 사람들은 빛의 굴절에 대해 잘 알고 있었다. 대야 속에 동전을 놓고 보이지 않을 만큼만 뒤로 물러난 다음 다른 사람을 시켜 그 대야에 물을 붓게 해 보자. 안 보이던 동전이 떠올라 보이게 된다는 사실을 우리는 잘 알고 있다. 이런 것들을 옛사람들은 잘 알고 있었다.

동전이 대야 물 위로 떠 보이는 현상에 대해서는 우리나라의 학자로 유명한 정약용(1762~1836)도 글을 남기고 있다.

빛의 굴절법칙을 처음 발견한 것은 네덜란드의 라이덴 대학 교수 스넬(1591~1626)이었고, 이를 좀더 잘 정리하여 발표한 학자는 프랑스의 데카르트(1596~1650)였다.

지금부터 약 370년 전인 1637년의 일이었다. 그리고 이 때쯤에는 이미 과학자들은 빛의 속도는 얼마나 빠른 것일까를 생각하기 시작하고 있었다. 그 전까지는 사람들은 빛이란 속도가 없는 것이라는 생각을 가지고 있었다. 아무리 먼 곳이라도 빛은 그냥 전해지는 것이라고 믿어 버렸을 뿐 그것이 얼마나 빨리 전파되는지 생각하려 하지 않았던 것이다. 빛의 속도를 측정해 보려던 학자 가운데에는 우선 갈릴레이가 있다.

그는 멀리 떨어진 두 산 위에서 두 사람이 서로 빛을 보내어 그 시간을 측정해 보려 했지만 그런 식으로 빛의 속도를 측정할 수는 없었다. 그것은 너무나 빨랐기 때문이었다. 제법 근사한 빛의 속도를 처음으로 알아낸 과학자는 덴마크의 뢰머(1644~1710)였다.

그는 목성의 4개의 달이 목성 뒤에 사라졌다가 다시 나타나는 시간을 측정하여 그것이 지구가 목성에서 가까울 때와 멀 때에 따라 다르다는 사실을 발견했다. 그 차이를 이용하여 뢰머는 빛의 속도를 알아낸 것이다.

1676년에 뢰머가 얻은 값은 1초에 22만 7천 킬로미터였으니까 실제 빛의 속도 30만 킬로미터에 비하면 훨씬 적은 것이었다. 그러나 처음 얻은 빛의 속도로서는 그만하면 대단한 성공이었다고 생각된다.

그 뒤 빛의 속도를 재는 방법은 여러 가지로 발달하여 더 정확한 값을 얻게 된 것이다.

빛의 입자설과 파동설

우리 눈에는 흰빛으로 보이는 태양광선이 여러 가지 빛의 혼합이라는 사실은 역시 17세기에 뉴턴(1642~1727)에 의해 발견되었다. 만유인력으로 유명한 영국의 뉴턴은 처음으로 프리즘을 만들어 햇빛을 분해해 보아 그것이 여러 빛깔이 섞여 있는 것임을 알아냈다. 무지개가 생기는 이치도 알게 된 셈이었다.

그런데 이렇게 빛에 대해 많은 연구를 하고 1704년에는 광학이라는 빛에 대한 연구를 책으로까지 내놓은 뉴턴은 빛이란 아주 작은 알맹이들이 움직이는 것이라고 믿고 있었다.

이런 생각은 입자설이라고 불리어지는데 '입자'란 알맹이란 말이다. 이와는 반대로 네덜란드의 호이겐스(1629~1695)는 1678년에 빛이란 마치 물결처럼 퍼져 나가는 파동이라 주장하고 나섰다.

처음에는 아무도 파동설을 따르는 사람이 없었다. 만유인력의 발견으로 너무나 유명해진 뉴턴의 생각을 덮어 놓고 옳다고 믿어 버리는 사람들이 많았던 까닭이었다. 그러나 1800년이 지나면서 과학자들은 빛의 입자설보다는 오히려 파동설에 기울어지기 시작했다.

물의 파동이나 소리와는 좀 다른 파동이지만 빛에는 길고 짧은 파장의 빛깔이 있음을 알게 되었고, 그 파장의 길이가 곧 빛깔을 결정해 준다는 것을 알게 되었다. 그와 함께 1800년에는 천문학자 허셀(1738~1822)이 적외선을 찾아냈고, 바로 다음해에는 리터가 자외선을 발견했다.

과학자들은 빛이 무엇인가를 점점 더 잘 알 수 있게 되었고 그 결과 빛이란 꼭 결(무늬)과도 같은 파동이라 하기도 어렵고 아주 작은 당구공 알맹이라고만 고집하기도 어려움을 알게 되었다. 20세기에 들어와 물리학이 더욱 발달하자 과학자들은 빛이란 입자이면서 파동과 같이 움직이는 그런 것이라 믿기 시작했다.

입자와 파동은 물질이 가질 수 있는 정반대되는 성질인데 빛은 바로 그 이중의 성질을 가지고 있다고 결론지은 것이다. 아무튼 빛에 대한 지식

과학자이야기

호이겐스

[Huygens, Christiaan, 1629~1695] 네덜란드의 물리학자 · 천문학자. 복굴절(複屈折) 및 빛의 전파속도에 대해 알려진 사실을 기초로 빛의 파동설(波動說)을 수립했다. 매질 에테르를 통해 전도되는 파동으로서의 빛을 포착하고 파면(波面)의 전파를 구면파(球面波)의 중첩으로 보는 '호이겐스의 원리'를 확립하였다.

이 이렇게 늘어나자 학자들은 그 지식을 이용하여 무서운 힘을 가진 빛을 만들어 이용하기 시작했다. 빛의 힘을 한 곳으로 몰아 쓸 수 있는 레이저가 바로 그것이다.

레이저는 공상과학 소설에 나오는 '살인광선'같은 것으로 쓰일 수 있지만, 이미 단단한 것을 간단히 자르거나 어려운 수술을 쉽게 해낼 수 있는 놀라운 도구로 이용되고 있다.

31_통신혁명, 전신 · 전화의 발명

통신의 발달

전기를 이용하여 사람들이 서로 먼 곳 사이에 연락을 주고받게 된 것은 꼭 170년 전인 1837년의 일이었다. 1832년 42살의 미국인 화가 새뮤얼 모스가 우연히 구경한 전기 실험에서 영감을 얻어 시작했던 연구가 5년 만에 전신기를 만들고 모스 부호를 발명하게 된 것이었다.

전신이라면 누구나 모스를 꼽을 정도로 그의 이름만이 유명하지만 전기 통신 즉 전보가 발명되기 전에는 어떤 통신 방법이 이용되었을까?

유럽의 해군이 16세기에 쓰던 방법은 지금도 보이스카우트에서 가르치는 수기 방식이었다. 양 손에 깃발을 들고 여러 가지 모양을 만들어 먼 곳까지 릴레이 방식으로 신호를 보냈다.

우리나라의 봉화불이나 원리는 같으면서도 훨씬 상세한 내용을 전달할 수 있었다. 그것을 훨씬 먼 곳에서 망원경으로 관찰하여 똑같은 신호를 다음 신호대로 전해 주었다.

나폴레옹이 패망할 무렵 프랑스에는 224개소의 신호대가 세워졌고, 1844년에는 533개소로 늘어나 프랑스는 약 5000㎞나 되는 유럽 최대 통신망을 자랑했다. 그러나 엄청난 유지비에 비해 밤에는 쓸모가 없었고, 특히 비라도 오거나 날씨만 찌푸려도 통신이 어려웠다. 전 통신망 가운데 일부에만 기상 상태가 나빠도 통신은 어렵게 될 판이었다.

그렇다면 전기통신밖에 다른 길이 없어 보였다. 그러나 처음 관심을 끈 것은 모스의 전신이 아니라 같은 1837년 특허를 얻은 휘트스톤과 쿡의 전신기였다. 영국에서는 철도역마다 이 전신기가 설치되기 시작했다. 1845년 런던행 열차에 살인범이 타는 것을 본 사람이 경찰에 그 정보를 제공하자 경찰은 이웃 정거장에 전보를 쳐서 경찰이 그를 잡아낸 사건이 신문에 크게 보도된 일이 있다. 그 범인은 흉악범이어서 뒤에 사형을 받았는데 이 범인을 잡는 데 한몫을 한 것이 전신의 보급에 자극이 되었던 것이다.

이 흉악범이 전신의 보급을 도와 준 셈이라고 할 수가 있겠다. 하지만 전보라면 지금은 누구나 새뮤얼 모스(1791~1872)와 그가 만든 모스 부호를 생각한다. 지금부터 꼭 150년 전인 1837년에 그가 만든 전신기와 전신부호가 지금까지 전 세계가 사용하고 있는 전보의 기본 틀이 되어 있기 때문이다.

모스가 화가라는 원래 직업과 아무 관계도 없는 전신의 발명을 생각하기 시작한 것은 유럽에

새뮤얼 모스

[Morse, Samuel Finley Breese, 1791~1872] 미국의 화가 · 전신발명가. 1832년 이탈리아에서 미술연구차 유학하다가 돌아오던 선상(船上)에서 최신 전자기학(電磁氣學)에 관한 내용을 알게 되어, 전신기를 만들어 보기로 결심, 대학 동료인 게일과 독자적인 알파벳 기호와 자기장치(自記裝置)를 1837년에 완성하였다. 그 기호가 개량된 것이 모스부호이다.

서 귀국하던 배 속에서 우연히 얻은 영감 때문이었다. 전자석이 쇠붙이를 붙였다 떨어뜨렸다 하는 것을 구경하던 그는 굉장한 생각을 떠올리게 되었던 것이다.

먼 곳의 전자석이 이쪽의 스위치 작동에 맞춰 쇠붙이를 당겼다 놓았다 하게 만들 수도 있겠다는 것이었다. 오랜 연구 끝에 전신기를 만든 모스는 영어의 글자를 그대로 부호로 나타내기를 결심했다.

알파벳 가운데 가장 많이 쓰이는 글자를 가장 간단한 부호로 나타내야 할 것은 분명한 일이었다. 그래서 E와 T는 각기 점(·)과 선(–)으로 표시되기에 이른 것이다.

우리는 한글을 알파벳 부호처럼 나타내 주도록 한국용 모스부호를 만들어 쓰고 있는데 점(·)과 선(–)이 각각 'ㅏ'와 'ㅓ'에 해당한다.

오랜 노력 끝에 미국 정부의 도움을 얻은 모스의 전신시설이 처음으로 1844년 5월 24일 워싱턴의 국회의사당과 볼티모어의 정거장 사이에 시험되었다. 처음 송신된 내용은 '하나님이 만드신 것이로구나'라는 성서의 문구였다.

전화기의 발명

전화기를 처음 발명한 사람은 알렉산더 그레이엄 벨(1847~1922)이라 널리 알려져 있다. 벨이 실용적인 전화기를 처음 만들어 실험에 성공한 것은 1876년 3월 10일이었다.

그러나 그가 전화의 발명에 대한 특허를 신청한 것은 그보다 거의 한

벨

[Bell, Alexander Graham, 1847~1922]
미국의 전화 발명자. 영국 스코틀랜드 에든버러 출생. 1871년 미국으로 이주한 후, 음성의 메커니즘에 흥미를 느끼다가 전기 통신을 연구하게 되었다. 전화를 실험하기 시작하여, 1876년 자석식 전화기의 특허를 받았다.

달 앞선 2월 14일이었고, 이에 대해 워싱턴 특허국의 특허를 얻은 것은 3월 7일이었다. 그의 전화기가 실제 실험에 성공하기도 전에 이미 그는 특허를 얻어가지고 있었던 셈이다.

이런 과정만 보더라도 당시에 전화의 발명이 얼마나 치열한 경쟁 속에 진행되고 있었던가를 짐작할 수 있다.

실제로 벨이 특허를 신청한 1876년 2월 14일에 또 한사람의 발명가가 거의 똑같은 전화기를 가지고 특허 신청을 했다. 시카고의 엘리사 그레이(1835~1901)란 사람이었다.

그레이의 전화는 벨의 것보다 오히려 약간 더 나은 점도 있었지만 특허는 2시간 먼저 신청한 벨에게 주어졌고, 특허를 받은 벨의 전화가 결국 세계를 휩쓸게 되었다.

모스의 전신이 전 세계로 퍼지고 있던 당시에 미국과 유럽에는 전화를 만들어 보려는 발명가들이 많았다. 또 그 가운데에는 독일의 요한 필

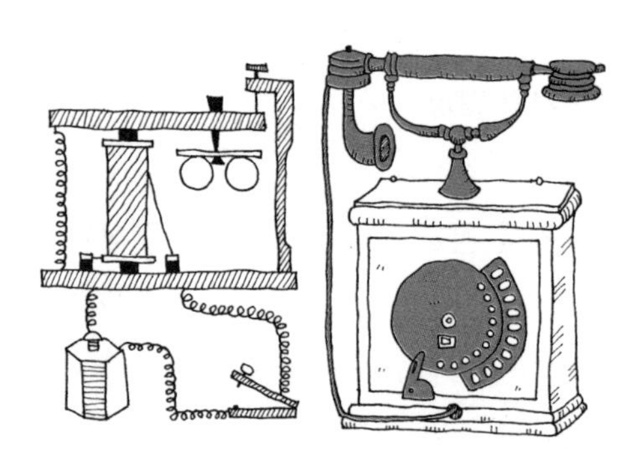

립스 라이스(1834~1874)처럼 1860년에 이미 거의 같은 전화를 만들어낸 사람도 있었다.

특허는 받았지만 벨의 전화가 당장에 보급되기 시작한 것은 아니었다. 사람들은 그저 장난감 정도로 생각할 뿐이었다.

스코틀랜드 태생의 영국인으로 미국에서 농아 교육에 종사하고 있던 음성생리학 교수 벨이 만든 전화는 1876년 여름 필라델피아에서 열린 미국 독립 100주년 기념 박람회에서 갑자기 유명해지기 시작했다.

이듬해 에디슨(1847~1931)이 탄소 송화기를 발명함으로써 전화는 더욱 쓸만하게 되어 갔다.

그런데 이 발명에서도 당시 경쟁은 대단했다. 에디슨보다 1년 뒤에 영국 출신 미국인 데이비드 휴즈(1831~1900) 교수는 똑같은 송화기를 만들었고, 탄소 송화기는 휴즈가 처음인듯이 널리 알려지게 되었다. 1870년대는 전화의 발달이 착실하게 뿌리를 내린 그런 시대였다.

에디슨

[Edison, Thomas Alva, 1847~1931] 미국의 발명가. 특허수가 1,000종을 넘어 '발명왕'이라 불리고 있다. 1868년에 전기투표기록기(投票記錄機)를 발명하여 최초의 특허를 받았다. 이어서 이중전신기, 탄소전화기, 축음기, 백열전등, 영화 촬영기·영사기, 에디슨 축전기 등을 계속 발명했다.

32_비행기의 발명과 발달

사람이 하늘을 날기까지

이제 비행기는 거의 모든 사람들의 교통기관이 되어 가고 있을 만큼 대중의 날개로 바뀌고 있다. 제법 쓸만한 비행기가 세상에 나오기는 약 100년 전이니 그동안 그것이 얼마나 빠른 속도로 발달해 왔는지 알 수가 있다.

보통 비행기라면 미국의 라이트형제를 꼽는 수가 많다. 하지만 비행기의 발명이 꼭 이들 형제의 공이라고만 말하기는 어렵다. 모든 발명이 그렇듯 비행기도 많은 사람들의 꿈이 있었고, 노력이 따랐으며, 그리고는 많은 희생이 있던 끝에 세상에 나온 것이었다.

많은 희생에 관한 말을 했으니 말이지만 라이트 형제보다 먼저 비행기를 만들어 하늘을 비행한 독일의 오토 릴리엔탈(1848~1896)은 그의 글라이더를 2천번 이상 실험한 끝에 1896년 8월 9일 실험 도중에 강한 바람을 만나 30미터 높이에서 땅에 추락하여 다음날 숨을 거두었다.

그가 마지막 남긴 말은 다음과 같은 것이었다.

'무슨 일이거나 희생 없이는 이루어지지 않는다'

릴리엔탈의 비행기는 엄밀하게 말하자면 비행기가 아니라고도 할 수 있다. 왜냐하면 그의 비행기는 엔진 없는 글라이더였기 때문이다. 그는 글라이더로 30미터 절벽에서 출발하여 350미터의 비행기록을 세울 수 있었다. 어떻게 보면 그의 비행기록은 대단치 않은 것이었다. 그렇지만 아직 비행기가 없던 19세기 말의 유럽과 아메리카에서 그의 이름은 너무나 유명했다.

오빌 라이트(1871~1948)와 윌버 라이트(1867~1912) 형제도 바로 그가 쓴 책을 읽고 비행기에 대한 꿈을 키워 가고 있었다. 그리고 이들 형제가 비행기의 연구에 더욱 열성으로 매달리기 시작한 것도 바로 그의 희생의

릴리엔탈과 그의 글라이더

[Lilienthal, Otto, 1848~1896] 독일 항공의 개척자. 새의 비행에 관한 그의 저서 〈항공술의 기초로서의 새의 비행〉 등은 항공학의 기초가 된 연구결과로 인정되었다. 자신이 고안한 단엽 및 쌍엽 글라이더를 타고 2,000번 이상 비행했으며 리노프 근처의 슈퇴른에서 비행하던 중 추락해 목숨을 잃었다.

뉴스를 신문에서 읽고부터였다. 릴리엔탈의 꿈은 라이트 형제에 의해 대서양을 건너 계승되었던 셈이다.

하기야 비행기의 꿈은 릴리엔탈에서 시작된 것도 아니었다. 아마 인류는 이 세상에 태어나면서부터 이미 자기들의 날개 없음을 그렇게도 안타까워했던 모양이다.

그리스의 신화에는 유명한 이카로스의 이야기가 있다. 크레타의 왕 미노스의 노여움을 사 감옥에 갇혔던 다이달로스와 그의 아들 이카로스는 왕비의 도움을 얻어 탈출하여 바닷가에 이르지만 이미 배는 모두 치워 바다를 건널 수가 없었다.

다이달로스는 몸에 날개를 달고 나는 방법을 고안하여 그 자신과 이카로스의 비행 탈출이 시작된다. 아버지는 무사히 날아 시칠리아에 도착했으나, 이카로스는 아버지의 경고를 깜박 잊고 너무 높이 날다가 몸에 날개를 붙여 준 초가 녹아 버리는 바람에 바다에 떨어져 죽고 말았다. 이카로스는 역사상 최초의 비행기 추락 사고로 희생된 사람이라고 함직하다.

이처럼 상세한 전설은 아니지만 동양에도 사람이 하늘을 나는 이야기는 제법 있었던 것 같다. 중국에도 있지만 우리나라의 전설에도 신선은 날개가 달려 있어 하늘을 날아다닌 것처럼 되어 있고, 나무꾼과 선녀 이야기를 보더라도 선녀는 날개 달린 옷을 입고 하늘을 마음대로 날아다닌 것으로 되어 있다. 이카로스가 몸에 날개를 초로 붙이고 날아간 것이나 「나무꾼과 선녀」의 선녀가 날개 달린 옷을 입고 다녔다는 이야기에 큰 차이가 없어 보인다.

새로운 비행기가 앞을 다투어 등장

13세기 서양의 대표적 사상가이며 신학자였던 로저 베이컨은 하늘을 나는 장치에 대해 글을 남겼고, 이런 생각은 르네상스의 대표적 화가이며 천재적 기술자였던 레오나르도 다 빈치(1452~1519)에 의해 더욱 구체화되었다.

다 빈치는 비행기만 생각했던 것이 아니라, 낙하산을 그려 놓았는가 하면 헬리콥터도 고안해 그림까지 남겼다. 비행기의 발달사에 그의 이름은 빼놓을 수 없는 자리를 차지하고 있다. 비록 그의 이름은 보통 〈모나리자〉 같은 그의 미술 작품으로 더 널리 알려지고 있지만…….

릴리엔탈의 글라이더 비행은 이카로스와 선녀, 그리고 레오나르도 다 빈치의 꿈을 거의 실현했던 것이었다. 그리고 그의 희생에 자극받은 미국 오하이오주 데이튼시의 자전거 가게 주인 형제는 엔진을 단 진짜 비행기를 곧 만들어내게 되었다. 지금은 별것이 아니지만 1890년대에는 자전거가 가장 최신의 기계였다. 말하자면 당시의 첨단기술이라 부를 수도 있다.

자전거를 만지는 틈틈이 이들 형제는 비행기에 대해 연구하기 시작했다. 스미소니안 협회를 통해 당시의 비행기 기술에 대한 모든 정보를 얻어 연구하고, 그 결과를 바탕으로 새로운 비행기를 고안했다. 이들은 보조

과학자이야기

라이트 형제

[Wright, Orville and Wilbur, 1871~1948, 1867~1912] 미국의 형제 발명가, 항공학의 선구자. 노스캐롤라이나주의 키티호크에서 2회에 걸쳐 글라이더의 시험비행을 하였다. 그 후 데이턴에서 비행기의 과학적 연구에 착수, 모형으로 200회 이상 시험하였고, 1902년 키티호크에서 1,000회에 이르는 글라이더 시험비행을 하였다.

루이 블레리오

[Bleriot, Louis, 1872~1936] 프랑스의 항공기술자. 1907년 처음으로 단엽기(單葉機)를 제작하였고, 1909년 11호기(25마력)를 조종하여 37분의 비행 끝에 최초의 영국 해협 횡단에 성공하였다.

날개를 달아 비행기의 균형을 간단히 유지할 수 있음을 알아내 당시의 큰 숙제 하나를 풀 수 있었다.

1903년 12월 17일 라이트 형제의 비행기는 59초 동안 260미터를 날아갔다. 엔진 달린 최초의 비행기가 하늘을 난 것이다.

라이트 형제의 비행기는 계속 개량되어 갔고, 다른 비행기도 다투어 나타났다. 1907년에 첫 비행기를 만든 프랑스의 루이 블레리오(1872~1936)는 2년 뒤인 1909년 7월 25일 역사상 처음으로 프랑스와 영국 사이의 도버해협을 37분에 횡단 비행하여 비행기의 위력을 과시했다.

일종의 스포츠처럼 많은 나라의 여러 사람들에 의해 개발과 개량 그리고 신기록 수립 경쟁이 벌어지고 있던 비행기는 1914년부터 1919년 사이에 있었던 제1차 세계대전으로 갑자기 그 중요성을 인정받게 되었다. 이 기간 동안 10만대의 비행기가 만들어져 전쟁에 큰 몫을 하게 된 것이다.

이 사이에 처음으로 나무판을 철사로 얽어 동체를 만들고 거기에 천을 입히고 라커를 칠하던 비행기가 차츰 금속구조로 바뀌었다. 이후로 지금까지 비행기가 얼마나 달라졌는지는 우리 모두 짐작이 되는 일이다.

33_ 전염병을 물리친 파스퇴르와 코흐

미생물에 의한 전염병

아직도 전염병이 이것저것 남아 있기는 하지만, 옛날에 비하면 지구 위의 우리 인간은 정말 행복하다는 느낌을 갖게 된다. 불과 100년 전까지만 해도 전 세계의 사람들은 온갖 전염병 때문에 안심하고 살 수가 없었다.

흑사병이 유럽을 휩쓸어 수백만 이상의 사람들이 한꺼번에 죽어 버린 일들이 있는가하면, 천연두가 퍼져 죽어 간 사람도 얼마나 많은지 모른다. 혹시 운이 좋아 살아남는다 해도 얽은 얼굴을 평생 갖게 되는 일도 많았다. 그러나 이런 전염병은 우리 맨눈에는 보이지 않는 작은 생명체에 의해 전염된다는 사실이 밝혀지면서 우리들은 전염병

과학자이야기

파스퇴르

[Pasteur, Louis, 1822~1895] 프랑스의 화학자 · 미생물학자. 화학조성 · 결정구조 · 광학활성의 관계를 연구하여 입체화학의 기초를 구축하였다. 발효와 부패에 관한 연구를 시작한 후 젖산발효는 젖산균의, 알코올발효는 효모균의 생활에 관련해서 일어난다는 것을 발견하였다.

코흐

[Koch, Heinrich Hermann Robert, 1843~1910] 독일의 세균학자. 세균학의 근본 원칙을 확립하였고, 각종 전염병에는 각기 특정한 병원균이 있음은 물론 각종 병원균은 제각기 서로 식별할 수 있다고 주장하였다. 1882년에는 결핵균을, 1885년에는 콜레라균을 발견하였다.

을 몰아낼 수 있게 되었다.

전염병만이 아니라 많은 인간의 질병을 일으키는 미생물에 대해 과학자들이 알게 된 것은 19세기 동안의 일이었다. 특히 프랑스의 루이 파스퇴르(1822~1895)와 독일의 로베르트 코흐(1843~1910)는 미생물학을 발전시켜 주고 전염병의 병균을 알아내어 여러 전염병을 물리치게 해 준 인류의 은인이었다.

파스퇴르의 주도아래 세계 각국에서 모인 성금으로 지난 1888년 설립된 파스퇴르 연구소는 여러 가지 의미에서 프랑스 과학의 대표적 얼굴이다. 이 연구소는 그 동안 생리학과 의학 분야에서 8명의 노벨상 수상자들을 배출한 세계적 연구 기관이다. 세포 면역반응과 항체의 역할 발견, 효소나 바이러스 합성의 유전적 조절 기작 규명, BCG(결핵예방백신) 등 백신 개발 및 AIDS 바이러스 발견 등 수많은 업적을 남겼으며, 감염성 질환 연구와 치료제 개발 분야에서 현재 세계 최고를 자랑하고 있다.

중학교 때까지의 루이 파스퇴르는 과학자보다는 미술가가 될 듯한 소년이었다. 특히 그는 초상화에 재주가 있었는데 대학 진학 이전에 그가 그린 초상화 가운데 여러 개는 아직도 파리의 파스퇴르 연구소에 보관되어 있다. 19살 때 그림 그리기를 그만 둔 파스퇴르는 1843년 파리의 고등사범학교에 입학했다. 대학에서의 그의 생활은 '실험실 벌레'란 별명을 얻었을 정도로 실험에 열심이었다.

우유나 포도주가 쉬는 이유를 미생물의 작용이라 밝힌 그는 누에의 전염병을 밝혀내고 닭의 콜레라를 연구하여 이 전염병은 예방접종으로 방지할 수 있음을 증명했다. 영국의 에드워드 제너(1749~1823)는 이미 1796년에 우두법을 발명하여 천연두 예방접종을 실시했지만 그것은 우연한 발명이라 여겨졌을 뿐 다른 많은 병이 같은 방법으로 예방될 수 있다는 것은 뉴스임이 분명했다.

1877년 파스퇴르는 무서운 가축 전염병인 탄저병을 백신을 사용하여 예방할 수 있음을 증명했다. 지금부터 150년 전인 1857년 발효 현상이 세균 또는 미생물에 의한 것임을 주장하고 나섰던 그가 이번에는 130년 전인 1877년 전염병도 미생물에 의한 것임을 주장하고 나섰던 것이다.

그는 곧 탄저병을 예방하는 백신을 만들었지만 처음에는 사람들은 그를 신용하지 않았다. 1881년 그는 양 50마리를 반씩으로 나눠 25마리 모두에게 예방접종을 하고 나머지에는 백신을 사용하지 않은 채 2주일 뒤 50마리 모두에게 탄저병균을 주사했다. 3일 만에 다른 양은 모두 죽었지만 예방접종을 받은 양은 멀쩡했다. 이 극적인 공개실험으로 파스퇴르는 세계적인 명성을 얻었고 그 후 2년 안으로 약 10만 마리의 가축에 탄저병 예방접종이 실시되었다.

과학자이야기

에드워드 제너

[Jenner, Edward, 1749~1823] 영국의 의학자, 우두접종법의 발견자. 우두(牛痘)에 감염되었던 사람은 일생 동안 천연두(天然痘)에 걸리지 않는다는 말에 귀를 기울여, 관찰과 연구에 전념하였다. 8세의 한 소년의 팔에 접종하는 데에 성공하여, 그로부터 6주 후에 천연두농(天然痘膿)을 그 소년에게 접종하였으나, 그 소년은 천연두에 걸리지 않았다.

예방접종으로 인류를 질병에서 구해내다

파스퇴르가 만든 공수병 백신의 효과는 더욱 극적이었다. 특히 그것은 사람의 목숨을 구하는 일이었기 때문이다. 1885년 조셉 마이스터라는 소년이 알사스에서 미친개에게 물려 그에게 치료를 받으러 온 사건이 있었다. 그는 준비하고 있던 광견병 백신을 점점 독한 것으로 차례로 주사하여 드디어 그 소년을 구해낸 것이었다. 이 방법 이외에는 그 소년을 살리는 방법은 없었다.

그의 백신 요법이 전 세계에 퍼져가기 시작한 것은 당연한 일이었다. 특히 그가 구해 준 이 소년에 대해서는 뒤에 더 보탤 이야기가 있다. 이 소년 마이스터는 나중에 파스퇴르 연구소의 수위로 근무하게 되었다. 그런데 1940년 파리를 정복한 히틀러의 독일군이 연구소에 나타나 파스퇴르의 유해가 있는 건물의 문을 열라고 요구하자 이를 거부하고 자살한 것이다.

'과학에는 국경이 없다. 그러나 과학자에게는 국경이 있다'는 그의 말이 전해질 만큼 그는 자기의 과학 연구를 조국 프랑스에 대한 사랑과 연관시켰다. 1871년 프랑스가 프러시아와의 전쟁에서 패배하자 그는 그 원인을 과학 발달에 뒤졌던 때문이라며 과학 진흥 운동에 앞장섰다.

독일의 시골 의사 로베르트 코흐 역시 파스퇴르 못지않은 공을 미생물 연구에 남겼다. 그는 콜레라와 폐결핵의 병원체를 발견하여 전 세계에 이름을 날렸고, 1905년에는 노벨 의학상이 결핵균 발견에 대한 공로로 그에게 주어졌다. 100여년 전만 해도 서양에서는 사망자 7명 가운데 1명은 결핵으로 죽었을 정도로 이 병은 무서운 것이었다.

1884년 그가 콜레라 병균을 발견했을 때는 파스퇴르와 경쟁하고 있는 중이었다. 코흐는 미생물의 현미경 연구에 여러 가지 새로운 방법을 고안해내어 효과를 볼 수 있었다. 예를 들면 미생물을 염색하여 관찰을 쉽게 할 수 있게 하였고 어떤 미생물만을 분리하여 길러내는 방법도 알아냈다.

그가 콜레라균을 발견했을 때만 해도 많은 의학자들은 콜레라는 병균에 의해 전염되는 병이 아니라 체질에 따라 생긴다고 믿고 있었다. 뮌헨대학의 페텐코퍼교수는 아예 이를 증명하기 위해 코흐가 시험관에 배양해 놓은 콜레라균을 꿀꺽 마셔 버린 일도 있었다. 이상하게도 이 교수는 배탈 한번 앓지 않고 살아났지만, 그의 반대가 코흐의 과학적 증명을 뒤집을 수는 없는 일이었다.

파스퇴르와 코흐는 모두 평생을 열심히 연구에 몰두한 과학자였다. 그들의 열성으로 우리는 미생물학이란 학문 분야를 갖게 되었고 전염병을 비롯한 많은 질병으로부터 해방될 수 있게 되었다.

'내가 남보다 좀 성공을 했다면 그것은 우연히 금덩이가 놓여 있는 의학 분야에서 일하게 되었기 때문'이라고 코흐는 겸손해했다.

34_유전의 원리를 과학적으로 밝힌 멘델

완두콩 재배로 밝혀낸 원리

콩을 심은 곳에서 팥이 나고, 팥 심은 데서 콩이 나는 일은 없다. 그렇지만 콩 심은 곳에서 다 함께 생겨난 콩도 자세히 살펴보면 서로 조금씩은 다른 콩이 있다는 것을 발견할 수 있다. 사실 같은 밭에 똑같은 씨를 뿌려 길러 보아도 콩은 서로 조금 다른 것이 자란다는 것을 알 수가 있다. 어떤 놈은 키가 큰가하면, 다른 놈은 키가 작다. 또 콩깍지 모양도 서로 다른 특징을 가지고 있다.

사람도 마찬가지가 아닌가? 같은 부모에게 태어난 형제와 자매들 사이에도 조금씩은 서로 다른 점이 있다. 어떤 아이는 아버지를 더 닮은 것 같은데 또 다른 아이는 어머니를 꼭 닮은 것 같다. 아니 어떤 아이는 아예 자기 부모를 닮은 구석이 하나도 없어 보여 난처한 일도 없지 않다.

왜 사람은 아버지나 어머니를 닮는 것일까? 아니 왜 닮지 않는 것일까? 이런 문제를 처음으로 과학적으로 밝혀낸 사람은 '유전학의 아버지' 그레고르 요한 멘델(1822~1884)이다.

당시에는 오스트리아였던 하인체도르프에서 가난한 농부의 아들로 태어난 멘델은 수도원 뜰에 완두콩을 7년이나 심어가며 그것이 어떻게 유전해 가는가를 밝혀낸 것이었다. 가난한 집안 형편으로 가정교사를 하며 겨우 고등학교를 마친 멘델은 대학 교육을 제대로 받은 것도 아니었다. 21살 때 수도원에 들어가면서 겨우 먹고 살 걱정에서 해방되었다는 그는 그후 신부가 되어 교회의 도움으로 비엔나 대학에서 물리, 화학, 생물, 수학 등 자연과학을 청강할 기회를 얻은 일은 있다.

교회의 부속 중학교에서 과학을 가르치면서 멘델은 수도원 뜰 실험을 거듭했다. 그는 완두콩의 여러 특성을 구별해 보고 순수한 품종을 길러냈다.

예를 들면 키 큰 완두콩을 키 큰 놈들끼리 자꾸 교배시켜 여러 번 반복하고, 키 작은 놈은 또 그런 놈끼리 자꾸 교배시켜 키 작은 품종을 길러냈다. 그 다음 이 둘을 서로 교배시켰더니 수 백 그루의 완두콩이 모두 키 큰 놈만 생기고 키 작은 놈은 한 그루도 없는 것이 아닌가? 어쩐 일일까? 키 작은 특징은 모두 사라지고 만 것일까?

그러나 이렇게 생긴 잡종을 그것들끼리 교배시켰더니 이번에는 키 큰 놈만이 아니라 키 작은 놈도 다시 나타났다. 다만 키 큰 놈이 3이면 키 작은 놈은 1의 비율로 키 큰 놈이 훨씬 많다는 것을 알아낸 것이었다.

과학자이야기

멘델

[Mendel, Gregor Johann, 1822~1884]
오스트리아의 유전학자 · 성직자. 멘델법칙으로 유전 · 진화의 문제에서 획기적인 발견을 함으로써 유전학을 창시했다. 그는 유전 · 진화의 문제에서 획기적인 발견을 함으로써 유전학을 창시한 셈이다. 그의 실험은 생물학사상 가장 훌륭한 업적의 하나로 꼽힌다.

멘델은 완두의 키 이외에도 그 색깔이 황색인 것과 녹색인 것, 완두 모양이 둥근 것과 주름진 것 등 서로 다른 특징을 일곱 가지를 골라 실험했다. 완두에는 2m나 되는 키 큰 놈이 있는가하면 45cm밖에 안 되는 작은 놈도 있었다. 그런데 어느 특징(이것을 생물학에서는 '형질'이라 부른다)을 가지고 실험해 보아도 잡종에서 나타나는 결과는 마찬가지였다.

예를 들어 멘델은 황색 완두의 수술을 꽃이 피기 전에 잘라버리고 그 암술에 녹색 완두의 꽃가루를 옮겨 주기도 했고, 반대로 녹색 완두의 암술에 황색 완두 꽃가루를 발라 주기도 했다. 물론 이렇게 인공 교배를 시킨 다음에는 꽃에 봉지를 씌워 다른 접촉이 다시 일어날 수 없게 만들어 두었다.

이렇게 교배시켜 나온 잡종 완두 제1세대는 모두 황색이었다. 그러나 이런 잡종 제1세대끼리 다시 교배시켜 얻은 잡종 제2세대에 가면, 키 큰 것과 작은 것의 경우나 마찬가지로 3대 1로 황색이 많게 나타났지만 녹색도 다시 나타나는 것이었다.

우성과 열성

멘델은 잡종 제1세대에 나타나는 형질을 '우성'(優性)이라 부르고 나타나지 않는 형질을 '열성'(劣性)이라 불렀다. 키가 크거나 작은 두 가지 형질 가운데는 키 큰 쪽이 우성이고 키 작은 것이 열성이며, 색깔로는 황색이 우성이고 녹색이 열성인 것이다.

그러면 왜 제1세대 잡종에서는 전혀 나타나지 않던 열성이 제2세대에서는 3대 1의 비율, 즉 4분의 1만큼 나타나는 것일까?

유전을 결정해 주는 요소를 우리는 '유전자(遺傳子)'라 부른다. 그러면 순수한 우성의 유전자는 OO로 나타내고 열성의 유전자는 XX로 나타낸다면, 이들 둘을 교배하여 얻은 제1세대는 모두 OX가 될 것이다.

예를 들어 황색 완두와 녹색 완두의 교배에서는 모두 두 가지 형질의 유전자를 가진 완두가 나오게 되는데 이처럼 우성과 열성이 섞였을 경우에는 열성은 나타나지 않는다. 즉 OX의 유전자를 가진 완두는 O(우성)만이 겉으로 나타나니까 제1세대는 모두 황색이 되는 것이다.

그러나 이것들이 교배하여 생긴 제2세대의 경우에는 OX와 OX가 결합한 경우니까 그 결과는 OO, OX, OX, XX의 네 경우가 똑같이 나타날 수 있다. 이 경우 OO, OX는 모두 우성으로만 나타나고 XX만이 열성으로 나타나는 것이다. 즉 제2세대의 4분의 1만이 열성으로 나타남을 알 수 있다.

왜 아들에게는 나타나지 않던 형질이 손자에게는 다시 나타날 수 있는지 짐작이 가

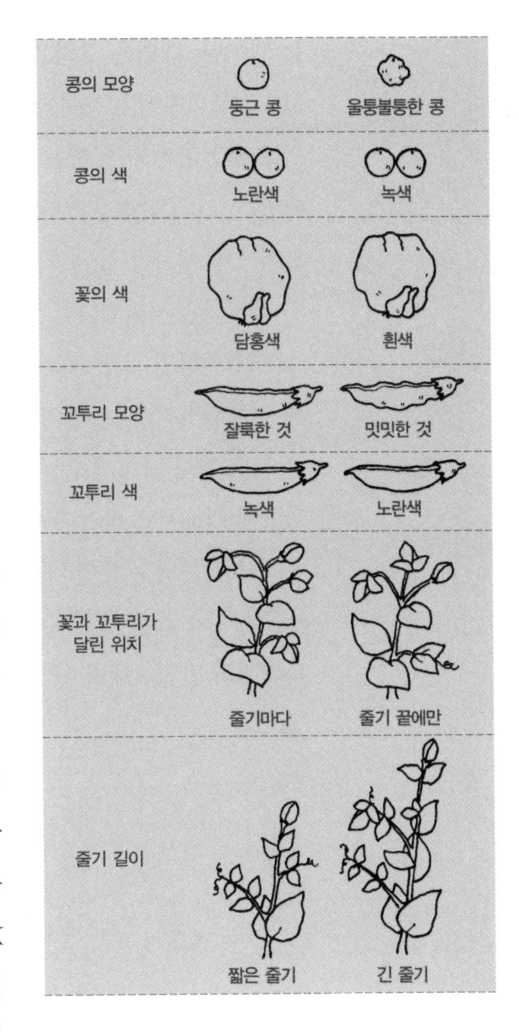

는 일이다. 멘델은 그의 유전 법칙을 1865년 브륜 박물학회에서 발표했고, 그 학회지에 논문이 실리게 되었다.

그러나 유전의 문제는 아직 생물학자들의 관심을 끌지 못하고 있을 때였다. 그의 발견은 1900년 네덜란드의 드프리스, 독일의 코렌스, 오스트리아의 체르막 등에 의해 다시 발견되고, 멘델의 업적이 확인될 때까지 완전히 무시되었다.

그러나 한번 유전이 과학자의 관심이 되자 이 분야의 연구는 눈부시게 진행되었다. 유전자의 구조가 밝혀지기 시작했고, 인간의 유전에 대한 것도 많이 밝혀지게 되었다. 혈액형의 유전은 잘 알려진 일이고, 유전 질병에 대해서도 많은 것이 알려지기 시작했다.

특히 최근에는 유전자를 사람의 뜻대로 조작하여 인간에게 필요한 농작물과 가축 등을 만들 수 있다는 유전공학이 크게 발달하기 시작했다.

멘델의 발견 1세기 남짓 만에 우리는 유전학을 '첨단 과학'으로 만든 것이다.

35_ 피타고라스의 정리보다 앞선 구고법

중국 수학의 역사

과학자가 되려면 수학를 잘 해야 한다고 어른들은 이야기한다. 그렇다고 수학에 좀 떨어진다고 과학을 아주 못하라는 법은 없다. 물리학을 비롯한 이공 계통에는 수학이 많이 필요하지만, 생물학을 중심으로 한 많은 분야(의학을 포함해서)에서 수학은 그리 중요한 것은 아니다.

여하튼 지금은 자연과학이라면 당장 수학을 연상할 정도로 수학은 과학과 손을 꽉 잡고 있는 것이 사실이다. 그렇지만 그렇게 과학과 수학이 밀접한 관계를 갖고 과학의 놀라운 발달에 수학이 한몫 단단히 해내게 된 것은 최근 몇 백 년 동안의 일이지 그 전에는 과학은 수학과 별 관련이 없었다. 그렇다고 옛날에는 수학이 발달하지 않았다는 뜻이 아니다.

셈하고 따지는 일이야 옛날이라고 없을 수 없는 일이었기 때문에 고대의 이집트, 바빌로니아 또는 중국에서 모두 수학은 꽤 발달했다. 그러면 우리나라에 직접 그 영향을 크게 미친 중국의 옛 수학은 어떤 모양이었을까?

아마 3천년쯤 전에도 이미 중국 사람들은 '2, 2는 4 · 2, 3은 6…'이란 구구단을 외고 있었던 모양이다. 물론 지금 우리가 읽는 것과는 달리 옛날 중국말로 암송했겠지만 말이다. 또 그런 것을 외울 필요가 있는 사람이란 아주 몇 사람 안 되는 특권 계급의 아이들뿐이었을 것 같다. 거의 모든 아이들은 자기 아버지가 하는 일을 익혀 한평생 농사를 짓거나 대장장이를 하거나 바다에 나가 고기를 잡으면 그만이었지, 아무 공부건 할 기회가 없었을 것이기 때문이다.

지금도 남아 있는 중국의 가장 오래된 수학책 「구장산술」을 보면 옛날 수학이 어떤 모양의 것이었는지 알 수가 있다. 이 책이 언제 완성되었는지 지금 정확히 알 수는 없다. 그러나 대체로 2천 5백년 전쯤인 한나라 때의 책인 것으로 알려져 있다. 이 책은 우리나라에서도 삼국 시대에 기본적인 교과서로 사용되었던 책이다. 「삼국사기」에 보면 신라에서는 수학을 나라에서 가르치는데 이 책을 교재의 하나로 쓰고 있었다는 사실이 적혀있다.

「구장산술」

「구장산술」은 모두 246개의 문제로 되어 있다. 아주 재미있는 사실은 이들 246개 문제는 지금 우리 중학교 1학년이면 거의 못 풀 사람이 없을 정도로 쉬운 문제들만으로 되어 있다. 2천 5백년 전의 아주 유식한 수학자들이 지금 우리 중학생이나 초등학교 5, 6학년생만도 못했을지도 모른다. 그만큼 옛날의 수학 수준이란 지금에 비하면 비교가 되지 않게 떨어지는 것이다.

예를 들어 첫째 문제를 보자. '여기 밭이 있는데 가로는 15보, 세로는 16보이다. 그 넓이는 얼마냐?' 이거야 초등학교 3학년이면 풀고도 남을 것이다. 가로와 세로를 곱하면 이 직사각형의 밭 넓이를 구할 수 있을 테니까…. 물론 다음에 나오는 문제들은 조금은 더 어려워진다. 3각형, 사다리꼴, 원형, 반원형, 타원형 따위 문제들이 계속되기 때문이다. 이 책은 모두 9장으로 나뉘어 있고, 그래서 이름이 「9장산술」이다. 제1장은 위에 보여준 것처럼 넓이 계산이지만, 다음부터는 교환, 분배, 부피, 제곱과 제곱근, 방정식과 연립 방정식 등 여러 가지가 나온다. 지금 우리들은 모르는 값을 엑스(x), 와이(y), 제트(z) 따위로 놓고 문제를 풀면서 이렇게 써 놓은 식을 방정식이라 부른다. 초등학교 수학에서 모르는 수를 괄호나 네모로 나타내던 것이 영어글자로 바뀐 셈이다. 그런데 우리가 쓰는 '방정식' 이란 말은 바로 이 책의 제8장의 제목 '방정' 에서 따온 것이다.

또 「구장산술」의 마지막 제9장은 '구고'란 제목이 붙어 있는데 그 첫 문제는 '구가 3자, 고가 4자면 현은 몇 자인가'라 되어 있다. 이 책의 문제가 모두 그렇듯이 이 문제에도 먼저 답이 주어지고 그에 이어 풀이가 나와 있다. 이 문제에 대한 답은 '5자'이며 그 풀이로는 '구와 고를 각각 제곱하여 합한 다음 그 제곱근을 얻으면 된다'고 쓰여 있다.

여기 나오는 수수께끼 같은 이야기는 직각3각형에 관한 것이다. 직각3각형에서 밑변이 3, 높이가 4라면 빗변의 길이는 얼마냐는 질문인 것이다. 이 경우 우리 조상님들은 밑변을 구, 높이를 고, 그리고 빗변을 현이라 불렀던 것이다. 물론 3, 4, 5의 길이를 가진 3각형을 만들면 언제나 그것은 직각3각형이라는 사실은 아주 옛날부터 널리 알려진 일이었다. 고대 이집트 사람들은 피라미드를 짓는데 직각을 알기 위해 이런 식을 이용했다고도 전해진다.

3 : 4 : 5가 아니라도 직각3각형은 얼마든지 있고, 직각3각형에서는 언제나 가로와 세로의 제곱은 빗변의 제곱과 같다. 이 관계를 중학교에서는 $a^2+b^2=c^2$라 쓰며, 여기에 '피타고라스의 정리'란 이름을 붙인다. 고대 그리스의 수학자 피타고라스가 처음으로 이런 관계를 발견했기 때문이라는 것이다. 그렇지만 이런 이름은 대단히 잘못된 것이 아닐까? 서양 사람들의 입장에서는 피타고라스가 처음 발견했지만, 우리 동양에서는 피타고라스와 같거나 더 오랜 옛날에 이미 그걸 '구고법'으로 알고 있었으니까 말이다.

중국의 과학사 책을 읽다 보니 거기에는 이것이 '구고정리'라 표시되고 괄호 속에 '피타고라스의 정리'라 쓰여 있었다. 우리도 '구고법'이나 '구고정리'란 말로 도로 바꿨으면 좋겠다.

36_ 원주율(π)은 옛날 중국에서도 알고 있었다

유휘의 원주율

2천 5백년 전에 완성된 중국 수학의 고전 「구장산술」이 모두 246개의 문제로 되어 우리 중학생이면 대개 풀 수 있을 만큼 쉽다는 것은 이미 소개했다. 그 후 중국의 수학은 점점 발달했다. 다시 말하면 점점 까다롭고 어려운 문제들을 푸는 재주가 많아졌다는 뜻이다.

예를 들면 중국의 수학자로 그 뚜렷한 이름을 후세에 남긴 유휘란 학자는 원주율의 값을 3.1416까지 정확히 얻었다. 원주율이란 지금은 중학교에서 '파이(π)'라고 그리스 글자로 나타내는 것인데 이 값은 다름이 아니라 지름이 1일 때의 원 둘레를 말한다.

아주 옛날부터 사람들은 지름이 1자인 원의 둘레가 대강 3자인 줄은 알고 있었다. 그래서 어림 계산을 할 때는 모두 원주율의 값으로 3을 썼던 것이다. 「구장산술」에서도 원의 넓이를 구하는 문제들에는 모두 원주율을 3으로 쓰고 있다.

그런데 지금부터 거의 1800년 전의 유휘는 그 값을 상당히 정확하게 얻었던 것이다.

이 값을 구하는 데 그가 쓴 방법은 조금 계산이 복잡한 것이어서 실제로 계산해 보여 주기는 어렵다. 하지만 그 원리는 간단한 것이었다. 먼저 지름이 1인 원을 그리고 거기에 각각 안에 꼭 맞는 정6각형과 밖에 꼭 맞는 정6각형을 그린다.

여러분도 종이에 한번 이걸 그려 보자. 원 안의 정6각형을 '내접했다'고 하고 밖의 것을 '외접했다'고 하는데 내접한 정6각형의 둘레가 3인 것은 금방 알 수 있다. 외접한 정6각형의 둘레는 금방 알 수는 없지만 계산할 수가 있다. 그리고 우리는 이런 경우 원둘레는 내접 정6각형의 둘레보다는 크고 외접 정6각형의 둘레보다는 작다는 것을 알 수 있다. 그것을 계산한 다음 이번에는 내접 정6각형을 원에 더욱 가깝게 12각형으로 만들고, 외접 정6각형도 마찬가지로 정12각형을 만든다. 내접 12각형과 외접 12각형의 둘레를 구할 수 있고, 원둘레의 값은 그 값 사이에 있을 것이다. 다시 12각형은 24각형으로, 48각형으로 그리면서 96각형으로 늘려 갈 수 있다. 유휘는 바로 이런 방법으로 96각형까지 계산했다는 것이다.

유휘는 삼국 시대 수학자였다. 중국에서 삼국 시대란 바로 유명한 「삼국지」이야기의 배경이 되는 바로 그때이다. 조조와 유비, 관운장과 장비, 그리고 역사상 가장 현명한 사람이나 되는 듯이 그려진 제갈량 등이 등장하는 바로 그 시대의 일인 것이다. 그런데 동양에서 유휘가 이런 방법으로 원주율을 구한 것과 거의 똑같은 방법으로 서양의 아르키메데스도 원주율을 구했다. 아르키메데스의 방법이나 결과는 유휘와 마찬가지였는데 아르키메데스는 유휘보다 400년 전에 활약한 과학자이며 수학자였다. 너무도 잘 알려져 있는 것처럼 아르키메데스는 왕관에 가짜 금속이 금 대신 섞여 있는지 알아내는 방법을 생각하다가 부력의 원리를 발견하고 너무나 기뻐서 벌거벗은 채 목욕탕에서 뛰어 나왔다는 바로 그 사람이다.

중국의 수학

유휘와 아르키메데스만을 비교해 보면 중국의 원주율값은 그리스의 그것보다 조금 뒤졌다는 것을 알 수 있다. 물론 그 시대에는 중국과 그리스 사이에 지식의 교류가 없었기 때문에 유휘에게 아르키메데스의 방법이 전해져서 그것을 연구한 것이 아니었음을 알아야 한다. 여하튼 유휘가 아르키메데스보다 늦은 것은 분명한 일이다. 그렇지만 그 후의 원주율값은 오히려 중국 사람들이 더 열심히 구했고, 서양 수학에서는 별로 발달하지 않았다. 5세기의 조중지(429~500)라는 중국 수학자는 원주율값을 소수점 이하 6자리까지 구하여 썼다.

조중지의 원주율은 분수로도 나타냈는데 그것은 대강의 값을 쓸 때는 약률이라 해서 7분의 22, 더욱 상세한 값으로는 밀률이라 하여 113분의 355를 썼다. 약률을 계산해 풀어보면 3.1428…이어서 소수점 이하 2자리까지만 맞다. 그러나 밀률값은 3.1415929…여서 소수점 이하 6자리까지 정확한 것이다. 요즘은 컴퓨터의 발달로 소수점 이하 수백자리까지 값을 얻고 있지만 옛날에는 이 계산이 아주 어려웠음이 분명하다. 조중지의 원주율만한 정확한 값은 서양에서는 나오지 않다가 17세기에 들어가서야 소수점 이하 10자리까지 계산되면서 점점 서양의 계산이 중국 수학을 앞서게 되었다.

중국의 수학은 시대를 지나면서 착실하게 발달했다. 이미 당나라 때에는 산학 박사라 하여 전문 수학자를 길렀고 그들을 뽑는 과거가 따로 있었다.

우리나라에서도 이미 삼국 시대부터 수학자를 시험을 통해 뽑고, 또 수학을 국가에서 교육하는 제도가 있었다.

특히 10세기 이후에는 여러 가지 수학책이 나오기도 했는데 그 가운데 1297년 주세걸이 쓴 「산학계몽」이란 책은 더욱 유명하다. 이 책은 우리나라의 세종 임금이 정인지의 지도를 받아 공부했던 교재였는데 이상하게도 그 책이 처음 나온 중국에서는 없어졌던 것을 나중에 우리나라에서 찾아 얻어갔다는 사실로도 유명하다. 「산학계몽」은 방정식의 푸는 법을 잘 설명한 책으로 알려져 있는데 17세기 이전까지는 방정식 푸는 기술에서도 중국은 서양을 앞서고 있었다.

그러나 3각형, 4각형, 원 등의 성질을 연구하는 기하학에 있어서는 중국 사람들은 별로 뚜렷한 발전을 이루지 못한 채였다. 아주 옛날 전국 시대의 묵자가 남겼다는 「묵자」란 책에는 약간의 기하학에 대한 관심이 나타나지만 그것이 거의 전부라 생각한다. 기하학이란 대단히 논리적인 것으로 사람들의 조직적이고 정확한 생각을 길러주는 데 좋은 것 같다. 그래서 아인슈타인은 서양 사람들이 결국 누구보다 먼저 과학을 낳을 수 있었던 것은 그리스 시대에 발달했던 유클리드 기하학 덕분이라고 지적한 일도 있다.

17세기 서양의 유클리드 기하학이 중국에서 번역되기까지 중국에서는 기하학이 발달하지 못했다.

37_동양의 5행설과 서양의 4원소설

세상의 변화를 적은 「주역」

우리나라는 물론 일본과 중국에도 똑같이 잘 알려진 것으로 음양이니 5행이니 하는 말을 들 수가 있다. 음양과 5행은 동양 사람들에게는 너무나 유명한 말이지만 그렇다고 우리들이 다 그것이 무엇을 뜻하는지 잘 알고 있는 것은 아니다. 그만큼 음양과 5행은 길고 어려운 뜻을 가진 것이기도 하며, 더욱 지금의 과학으로는 이해하기 어려운 점이 있기 때문이다.

음양 5행의 생각이 처음 발달돼 나온 것은 중국에서의 일이다. 아마 역사가 기록으로 남기 전부터 음양에 대한 생각은 있었을지도 모른다. 하지만 글로 나오는 것은 「주역」이란 아주 오래된 책에서 찾아볼 수가 있다. 정확히 언제 쓰인 책인지 알 수는 없지만 대강 2천 5백년쯤이나 된 책이다. 여기 쓰여 있기로는 태극이 있고 거기서 음과 양이 생겨난다는 것이다. 또 이 책에는 한번은 양이 되고 또 한번은 음이 되는 것이 이치라는 말도 적혀 있다.

「주역」이란 책은 바로 이 세상의 변화하는 이치를 설명하기 위해 쓰인 책이다. 주나라 때 나온 책이라 하여 「주역」이란 이름이 붙어 있지만 이것은 흔히 「역경」이라고도 알려져 있다. 음과 양이 생기는 이치의 으뜸가는 것이 바로 태극이라 했다는 것에서 우리는 곧 우리 태극기를 연상할 수가 있다. 1백여 년 전에 우리 선조들이 우리나라를 상징하는 깃발을 만들 때 그들은 바로 「주역」의 가르침을 우리 국기에 나타낸 것이었다.

우리 태극기의 한가운데에 있는 동그라미는 바로 태극을 가리킨다. 태극으로부터 음과 양이 생긴다는 이치는 그 동그라미를 붉고 푸른 부분으로 그려 나타내었다. 붉은 쪽은 양이요, 푸른 쪽은 음이다. 태극기의 네 귀퉁이 그림도 음양의 변화가 다시 만들어내는 8괘 가운데 4가지를 그려 놓은 것이다. 8괘 가운데 우리 태극기에 그려진 4괘는 건, 곤, 감, 리의 넷이다. 또 이들은 자연을 각각 나타낸다고도 믿어졌는데 이들 4괘는 각각 하늘, 땅, 물, 불을 나타낸 것으로 여겨졌다.

본래 음양이란 생각이 나오게 된 것은 낮과 밤이 바뀌는 이치를 생각하던 끝의 일이었다. 애당초 양이란 햇빛을 가리키고 음이란 그늘을 말한다. 햇빛이 비치다가 그늘이 들고, 낮이 되었다가 밤이 되는 것이 자연의 이치이다.

그런 이치를 음양이라 말하다 보니 세상의 변화하는 이치가 바로 그것과 다름이 없어 보였으며 남자는 양이고 여자는 음이라 여겨졌다. 또 시간이 지나 근대 과학이 발달하자 자석에는 두 극이 있음을 알게 되었고, 전기에도 마찬가지 성질이 있음을 확인하게 되었다. 음양의 사상은 지금의 과학에 그대로 활용되고 있는 것처럼 보이기도 한다.

자연 설명 때 널리 활용

오히려 음양보다도 더 널리 활용된 동양의 자연 설명의 수단으로는 5행을 들어야 할 것이다. 마치 옛날 서양의 그리스 과학자 또는 자연철학자들이 4가지 원소를 들어 만물의 근원은 바로 불, 공기, 물, 흙의 4원소에 있다고 생각했던 것처럼 동양의 옛 자연철학자들은 5원소를 내세운 것이다. 동양의 5원소 또는 5행은 목, 화, 토, 금, 수이니까 나무, 불, 흙, 쇠, 물을 가리킨다.

대강 2천 5백년쯤 전에 서양 사람들은 4원소설을 주장했고 동양에서는 5행설이 나왔는데 이들 넷과 다섯은 꽤 일치하고 있었다는 사실을 알 수 있다. 중국에서 '역사의 아버지'라 불리는 사마천의 「사기」라는 역사책에는 기원전 3세기에 추연이란 학자가 특히 5행설을 발달시켰다고 쓰여 있지만, 5행설은 그보다 훨씬 전부터 나와 있었다. 다만 시간이 지날수록 5행의 응용방법이 자꾸 퍼져 나갔을 뿐이다. 동양의 고전으로 꼽히는 「서경」에는 5행이 수, 화, 목, 금, 토의 차례로 나와 있다.

지금 우리가 쓰고 있는 1주일 가운데 화, 수, 목, 금, 토요일은 바로 5행과 관계가 있어서 나온 말인데 지금의 요일 순서와는 화, 수가 서로 바뀐 것을 알 수 있다. 여기에는 5행의 성질도 설명되어 있는데 물은 아래로 흐르고 다른 것을 적셔 주며, 불은 위로 타오른다. 나무란 굽기도 하고 바르게도 할 수 있으며, 쇠붙이는 뜻대로 형체를 바꿀 수 있고, 흙에는 곡식을 심어 거둘 수 있다는 설명이다.

이렇게 시작된 5행은 차츰 여러 갈래로 이용되기 시작했다. 그래서 한나라 때쯤에는 5행 사이에 서로 어떤 관계가 있는지가 여러 가지로 설명되기에 이르렀다. 특히 5행의 순서를 정해서 세상의 변화를 이해하려는 생각도 나왔다.

그 가운데 가장 재미있는 것으로는 5행이 서로 낳는 관계를 말한 상생설이 있다. 상생설에 따르면, 나무는 불을 일으키고 불은 재를 남기고 쇠붙이는 흙 속에서 나오며, 쇠에는 아침 이슬이 맺혀 마치 쇠가 물을 만드는 것 같고 물은 나무를 자라게 한다.

2천년 전에 활약한 동중서라는 학자는 5행을 여러 가지로 해석했다. 그리고 이 상생설은 지금 우리들이 이름의 돌림자를 고를 때 따르는 순서가 되기도 한다. 여러분의 집안에서는 이 법칙을 따르고 있는지 한번 잘 따져 보자.

5행은 무엇이 무엇을 이긴다는 순서도 정해졌는데 이것은 특히 한의학에 응용되었다. 그 밖에도 5행은 색깔, 냄새, 가축, 곡식 등 온갖 것을 나누는 데 두루 이용되었다. 서양 음악은 7음계를 쓰고 있는 데 비해 동양 음악이 5음계를 쓴 것 역시 5행의 영향이었다. 중국 고대에 자연을 이해하는 수단으로 나온 음양 5행이란 생각은 시대가 지나면서 너무 널리 활용되어 오히려 과학의 이론으로는 빛을 잃었던 꼴이 되었다.

38_ 인류문명과 함께 발달한 중국 천문학

인류의 문명과 시작을 같이 한 천문학

중국에서도 천문학은 아주 일찍부터 발달하기 시작했다. 고대 바빌로니아나 이집트의 문명이 그랬던 것처럼 인류의 문명이 가장 먼저 발달시켜 준 과학 분야를 하나만 고르라면 '하늘의 과학'인 천문학을 고를 수밖에 없을 것이다. 그만큼 천문학은 태초부터 사람들의 관심을 끈 과학이었다.

천문학에 대한 지식이 처음 기록으로 나타난 것은 중국에 기록이 남겨진 처음부터의 일이었다. 얼마나 천문학이 관심거리였던가를 짐작하게 해 준다. 그 기록은 책으로 남아 있는 것이 아니라 3천 5백년 전부터 남겨져 있는 갑골문에 있는 것들이다.

갑골문이란 거북의 등이나 소의 뼈 따위에 새겨진 글자들인데 지금의 글자인 한자와는 모양이 상당히 다른 경우가 많지만 학자들의 오랜 연구로 그 뜻을 읽을 수 있게 되었다.

갑골문에 나타난 기록을 통해서 우리는 이미 3천년 전에 중국인들은 월식을 관찰하여 기록했고, 1년을 365일과 4분의 1일이라 알고 있었으며, 한 달을 29일과 30일로 번갈아 나타내다가 윤달을 가끔 넣어 1년을 13달로 하기도 했다는 사실을 확인하게 된다. 또 그때부터 이미 갑자, 을축, 병인… 하는 식의 간지로 날짜 가는 것을 표시하는 법도 사용하고 있었다는 걸 알 수 있다.

한마디로 천문학이라지만 옛날 사람들에게는 천문학이란 전혀 다른 두 갈래 뜻을 가지고 있었다. 이미 갑골문에도 있는 것처럼 그 첫째 의미는 월식같이 갑자기 생기는 천문 현상을 해석하는 과학이고, 둘째 의미는 시간 가는 것을 재는 달력과 관계된 분야였다. 월식은 물론 일식, 혜성 등 불규칙하게 생기는 천문 현상의 뜻을 밝혀 보려는 과학은 지금으로 보면 과학이 아닌 미신으로 보일 것이다.

그러나 옛날에는 그보다 중요한 일도 많지 않았을 것이다. 임금님의 운수가 어떨지, 또는 전쟁의 결과가 어떨지를 짐작하기 위해서는 천문을 보는 것이 당연하다고 당시에는 생각했으니 말이다. 이런 분야를 우리는 지금 점성술이라 부르고 있다.

둘째 분야인 달력과 관계되는 과학은 지금으로 쳐도 분명히 과학이다. 그러나 역산학이라 알려진 이 과학은 꼭 달력만 만드는 것이 아니라 사실은 언제 어느 행성이 어디에 보일는지를 미리미리 계산해 내는 기술을 가리킨다. 이런 과학의 발달에 의해 달력만 정확하게 만든 것이 아니라 일식이나 월식이 언제 어떻게 일어날지를 예고할 수가 있었다.

중국의 모든 역사는 전국 시대를 지나면서 정리되어 오늘까지 전해진다. 전국 시대란 '싸우는 나라들'의 시대를 말하는 것으로 기원전 481년부터 진시황이 중국을 통일한 때까지를 가리키는데 이 동안 중국은 작은 여러 나라로 갈라져 온통 싸움판이 벌어졌다. 그러나 이상하게도 바로 이 기간 2백년 남짓 동안 중국에는 훌륭한 사상가들이 쏟아져 나왔고, 중국 문명의 근본은 훌륭히 다져졌다.

일식과 월식의 관찰

우리 모두가 잘 아는 중국의 가장 훌륭한 성인 공자(기원전 552~479)는 「춘추」라는 역사책을 썼는데 이 책에는 기원전 770년부터 475년까지의 노나라에서 일어난 일들이 적혀 있다. 이 기간을 중국 역사에서 '춘추 시대'라 부르는 이유는 바로 이 책에 있다. 이 책에는 37회의 일식이 기록돼 남아 있는데 그 대부분은 요즘 계산으로 정말 그때 일어난 일식을 기록한 것이 확인되어 있어서 춘추 시대에 점성술로서의 천문학이 아주 발달했다는 것을 짐작하게 해 준다.

천문 현상을 관찰하려면 당연히 하늘을 어떤 방법으로 나누어 붙박이 별들에도 이름을 잘 붙여두고 또 그것들을 성좌로 구분지어 줄 필요가 있을 것이다. 춘추 시대가 시작되기 전에 이미 중국인들은 적도를 따라 28개의 기본이 되는 별자리를 만들고 그것을 28수라 불렀다. 이들 28개의 별자리는 서로의 넓이가 서로 달라 넓게 차지한 별자리가 있는가하면 아주 좁은 하늘만 차지한 것도 있다.

이와는 달리 하늘을 정확히 12개로 같은 넓이로 잘라 구분한 방법도 같은 시기에 발달되었다. 이 12개의 하늘 구역은 12차라 불렀는데 목성은 12년에 한번 하늘을 돌기 때문에 해마다 12차를 1차씩 옮겨 간다고 생각되었다. 그래서 중국인들은 예로부터 목성을 '해를 결정해 주는 별'이라 하여 '세성'이라 부르기도 했던 것이다.

또한 전국 시대까지에는 역산학도 완전히 터를 잡게 되었다. 지금까지 우리가 쓰고 있는 입춘, 우수, 경칩… 등의 24절기가 그때 확립되었고, 윤달은 19년 동안에 7번 넣는 것이 좋다는 방법도 이용하고 있었다.

또 기원전 7세기까지에는 규표를 세워 태양의 고도를 측정하고 있었는데 여기에는 여덟 자 되는 나무기둥을 세워 그 해그림자를 동짓날 재는 방법으로 사용했다. 자기 위치에서의 정확한 천문 계산을 위해 꼭 필요한 이 관측에는 기준점도 정해져 있었는데 당시 중국의 서울 낙양에서 동남쪽에 있는 양성이란 곳이었다.

중국 역사에서는 이곳이 뒤에 '땅이 중심'이란 의미로 지중 혹은 토중이라 알려지게 되었고 마치 영국의 그리니치처럼 천문학의 기준점이 되었다.

지금부터 2천 2백 년 전 중국은 통일되고 그 뒤로는 정부가 천문과 역산을 맡을 기관을 두어 전문적으로 그 일을 해내게 했다. 사천대, 태복감, 흠천감 등 이름은 시대에 따라 달라져 갔지만, 말하자면 국립천문대에 해당한다고 할 수가 있다.

이 기관에서는 천문을 관찰하여 이상한 현상이 있으면 그것이 무슨 뜻인가를 해석하는 일, 달력을 만들고 해시계와 물시계 등으로 시간을 재는 일, 일식과 월식 같은 것을 미리 계산하여 예보하는 일 등을 맡았다. 특히 시계를 담당하는 일에는 많은 사람이 필요해서 당나라 때에는 여기서 일하는 직원이 1천명도 더 되었다. 우리나라로는 삼국 시대의 일이다.

39_ 선교사들을 통해 전파된 서양 과학

동양의 나침반이 발달시켜 준 서양의 항해술

15세기까지만 해도 중국을 비롯한 동양의 과학기술은 서양 못지않은 높은 수준을 자랑하고 있었다. 그러나 17세기를 전후해서는 서양에서 갑자기 과학이 눈부신 발달을 거듭하기 시작했고 우리 동양 사람들의 과학은 상대적으로 뒤지는 것처럼 보이기 시작했다.

세계의 선진국이었던 중국이나 한국 또는 일본이 17세기부터는 후진국으로 밀려나기 시작한 셈이었다. 게다가 당시에는 동양과 서양 사이에는 이렇다 할 교류도 없었던 까닭에 서양 문명이 얼마나 놀랍게 바뀌고 있는지 아무도 모르고 있었다.

서양의 과학기술이 놀랍게 발달하고 있다는 것을 동양 사람들이 처음으로 알게 된 것은 서양 사람들이 동양에 몰려오기 시작한 17세기부터였다.

'암흑 시대'라 부를 만큼 어두운 시절을 보낸 유럽 사람들은 새로운 과학을 발전시키기에 앞서 이미 몇 가지 기술을 발달시키고 있었다. 그 하나로는 항해술을 꼽아도 좋을 정도로 그들은 중세 말기에 배를 만들고 그것으로 먼 바다에 나가기 시작했다.

원래 서양 사람들은 지중해라는 바다를 중심으로 문명을 이루어 왔다. 동양 사람이 중국이라는 대륙 그리고 그에 연결된 한반도 등에서 육지 문명을 이룩해 온 것과는 달리 서양 사람들은 바다를 무대로 한 문명을 전통으로 하고 있었다.

중세의 말기에 동양의 3대 발명이 서양에 전해지면서 서양 사람들은 더욱 뚜렷한 발전의 길을 들어서기 시작했다. 동양 사람의 것으로 서양에 전해진 3대 발명이란 종이와 인쇄술, 화약과 대포, 그리고 나침반을 가리킨다.

이 3가지 발명품 가운데 서양 사람들의 항해에 가장 큰 도움을 주게 된 것이 나침반이었음은 물론이다. 때마침 배를 만드는 기술도 발달하고 있던 서양에 동양의 나침반이 전해지자 그들은 곧 먼 바다에까지 겁낼 것 없이 나갈 수가 있게 되었다.

1488년 포르투갈의 디아스는 아프리카를 돌아 희망봉을 발견했고, 1492년 이탈리아의 콜럼버스는 대서양을 처음으로 건너 아메리카를 발견했다.

점점 장사에 눈뜨고 있던 서양 사람들은 인도로 가는 편리한 길을 찾아 인도의 향료 같은 열대 지방의 특산물을 가져다가 유럽에 팔아 돈을 벌려는 생각에서 이런 탐험을 계속했던 것이다. 드디어 1497년 바스코 다가마의 인도 항로 발견, 그리고 1519년 마젤란의 세계일주로 서양 사람들의 동양 진출은 시작되었다.

그 후 50년 이내에 서양의 장사꾼들은 중국 남해안을 넘나들기 시작했고 그 가운데 일부는 일본 쪽으로 표류해 들어오기도 했다. 일본보다 좀 북쪽에 치우쳐 있는 우리나라에는 그 때까지 아무도 나타나지 않았지만 1600년 경 중국의 남쪽 지방과 일본에는 이미 많은 서양 사람들이 들어와 무역을 하기 시작하고 있었다.

선교사들의 활동

조금만 무역이 시작되면 서양 사람들은 곧 선교사들을 함께 데려오게 마련이었다. 그들의 눈으로는 기독교가 없는 동양 사람들에게 복음을 전하는 일이야말로 가장 값진 일이라는 생각도 있었기 때문에 기독교 선교사들은 열성으로 중국과 일본에 들어와 선교 사업을 벌였고, 때로는 죽음을 당하는 일도 많았다.

바로 이들 선교사들이 처음으로 서양의 과학기술을 동양에 전해 주게 되었다. 이들이 처음 중국이나 일본에 들어왔을 때만 해도 서양의 과학기술이 동양보다 압도적으로 뛰어난 것은 아니었다. 다만 서양 과학기술 가운데 동양에 없던 특이한 부분이 동양 사람들에게 인상적이었을 뿐이다. 하지만 바로 그 때쯤부터 서양의 과학기술은 눈부시게 발달하기 시작했고 그 덕택에 서양 선교사들은 날로 새로운 과학기술을 동양 사람들에게 자랑해 보일 수가 있었다.

과학자이야기

마테오 리치

[Matteo Ricci, 1552~1610] 이탈리아의 예수회 선교사. 중국과 서양의 상호 이해를 위해 노력한 선구자였다. 중국어를 익히고 중국 문화를 받아들임으로써, 외국인에게는 대개 닫혀 있던, 중국으로 들어갈 수 있는 문을 열었다.

중국에서 그런 일을 가장 먼저 두드러지게 한 사람이 이탈리아 출신의 예수회 선교사 마테오 리치(1552~1610)였다. 1601년 그는 선교사로는 처음으로 중국의 서울 북경에 자리잡고 활동하기 시작했던 것이다.

이미 여러 해 동안 서양 선교사들이 홍콩과 마카오가 있는 중국 남쪽에서 활약하고 있었고 리치도 1582년 도착해 활동하고 있었지만 북경에 자리잡기는 이것이 처음이었다.

마테오 리치는 중국 사람들의 환심을 얻으려고 무진 애를 썼다. 옷도 중국 사람처럼 입고 먹고 자는 것도 같이 했을 뿐 아니라 '이마두'라는 중국 이름도 지었다. 중국에서 활동하는 서양 사람들은 그 후 지금까지 꼭 중국식 이름을 지어 쓰고 있다. 중국말을 배워 썼음은 물론이다. 그리고 그는 중국학자들의 도움을 얻어 기독교를 소개하는 책은 물론 서양의 과학기술을 알리는 책을 썼다.

많은 중국 사람들이 기독교에 대해서는 반대하거나 무관심했다. 하지만 과학기술에 대해서는 관심을 보였기 때문에 리치는 더 열심히 과학기술을 소개한 것이었다.

사실 그 후 선교사들은 기독교를 알리기 위해서 그 수단으로 서양의 과학기술을 소개했다. 리치는 천주교의 원리를 설명하기 위해 유명한 책 「천주실의」를 썼는데 이 책 속에는 많은 서양 과학이 들어 있었다. 왜냐하면 천주교를 소개하자면 천주교가 생겨난 서양 사람들의 생각을 써 놓지 않을 수 없기 때문이었다.

그래서 「천주실의」에는 중세까지 서양이 갖고 있던 우주에 대한 생각이나 물질에 대한 설명, 그리고 생물과 무생물에 관한 이론이 모두 나와 있는 것이다. 하늘이 단단한 9겹의 뚜껑으로 덮여 있다는 잘못된 우주관을 소개한 것도 이 책이며 인간은 동물과 달리 영혼을 갖고 있다고 '영혼'이란 말을 처음 만들어 쓴 것도 이 책이다.

마테오 리치는 「기하원본」을 써서 중국에 처음으로 서양의 기하학을 소개했고, 세계지도를 만들어 지구가 둥글다는 사실을 확실히 알려 주기도 했다. 그는 중국에 서양의 수학, 천문학, 지리학 등을 소개한 선구자였고 그 영향은 곧 우리나라에 미쳤다. 지금 서울의 숭실대 박물관에는 리치가 만든 세계지도 하나가 남아 있어 세계적인 보물로 꼽히고 있다.

40_서양과학을 중국에 소개한 선교사들

중국에 서양 과학을 소개한 마테오 리치

"만일 중국이 세계의 전부라면 나는 틀림없이 세계 최고의 수학자이며 또한 세계 으뜸가는 과학자라 뽐내도 좋을 것이다."

중국에 서양 과학을 가르쳐 준 선교사 마테오 리치가 유럽에 보낸 편지의 한 구절이다. 1601년 북경에 자리잡고 천주교를 전파하기 시작한 이탈리아 출신의 선교사 리치에게는 중국 사람들의 수학과 과학 수준은 형편없는 것처럼 보였다.

또 다른 편지에서 그는 중국에 천문학자 한 사람을 보내 달라고 간청하기도 했다. 왜냐하면 중국에서는 일식과 월식의 예보를 비롯한 천문 계산이 아주 중요한 일이어서 중국 황제는 200명의 직원을 시켜 그런 일을 맡게 하고 있지만 그 결과가 시원치 않다는 것이었다.

마테오 리치의 이러한 말은 조금 과장된 것이기는 하지만 17세기 초의 중국 과학이 어떤 모습이었던가를 보여 주는 재미있는 내용이다. 리치는 「기하원본」을 써서 서양의 기하학을 처음으로 동양에 전해 준 셈인데 그 때까지 동양에서는 기하학은 거의 발달된 일이 없기 때문이다.

그는 처음으로 땅이 둥글다는 것을 확실히 보여 주고 서양이나 적도 남쪽에 어떤 나라가 있는지를 세계 지도로 보여 주었다. 더구나 그는 남반구의 하늘에 어떤 별이 있는지 처음으로 가르쳐 주었고 전과는 다른 방법으로 일식과 월식 따위를 계산 해냈다.

이런 모든 것이 중국 사람들에게는 인상적이었다. 리치의 말처럼 당시의 서양 과학 기술이 전부 중국을 앞선 것은 아니었지만 이미 여러 분야에서 서양은 중국을 앞지르고 있었다. 그 가운데 특히 천문학은 중국 사람들이 아주 중요하게 여기는 분야였기 때문에 관심을 모을 수 있었다.

중국 국립 천문대의 책임자가 된 아담 샬

1610년 마테오 리치가 죽은 다음 대단히 유능한 천문학자로 중국에 온 선교사는 1619년 마카오에 도착한 아담 샬(1591~1666)이었다. 중국 이름을 '탕약망'으로 지은 그는 서양식 대포를 만들어 중국 조정의 환심을 사기도 했다.

그러나 아담 샬이 정말로 뛰어난 공을 세운 것은 새로운 역법을 중국에 만들어 준 일이었다. 중국이나 우리나라에서는 역법이란 그냥 달력 만드는 일만이 아니라 일식과 월식의 계산을 비롯하여 온갖 천문 계산을 함께 가리킨다. 그런데 그가 중국에 도착하기 전부터 이미 중국식 계산과 서양식 계산의 결과는 서로 다른 결과를 나타냈고 그런 경우 항상 서양 계산이 좀더 정확하다는 것이 밝혀졌다.

결국 아담 샬은 중국 역사상 처음으로 흠천감의 감정이란 벼슬을 맡게 된다. 서양 사람이 중국의 가장 중요한 관청의 하나인 흠천감의 우두머리가 된 것은 특별한 경우가 아닐 수 없다. 흠천감이란 천문을 맡은 관청 이름이다. 중국 관리들 사이에 아담 샬에 대한 반대가 있었을 것은 너무나 당연한 일이었다. 모함을 받아 감옥에 갇히기도 했다.

온갖 고초 속에서 아담 샬은 서양식 천문학으로 중국에 맞는 역법을 만들어내는 데 성공했다. 때마침 중국 대륙에는 명나라가 망하고 청나라가 들어서고 있었는데 새로 들어선 청나라는 그가 만든 역법을 정식으로 인정하여 1645년부터 그것을 쓰기 시작했다.

우리나라도 중국에 사신을 보내 이 역법을 배워 와 1653년(효종4)부터 사용하기 시작했는데 이것이 시헌력이란 것이다. 그 뒤 약 230년동안 우리나라에서는 시헌력 방법으로 모든 천문계산을 해냈다. 시헌력은 서양식 방법이지만 양력이란 뜻은 아니다. 천문 계산의 방법만이 서양식일 뿐 그것은 여전히 음력이었다.

아담 샬은 우리나라에서는 특히 소현세자의 관계 때문에 잘 알려져 있다. 병자호란의 결과 청나라에 굴복하게 된 조선 왕조의 인조 임금은 그의 두 아들을 볼모로 청나라에 보내게 된다.

소현세자(1612~1645)와 봉림대군 형제는 1644년 귀국했는데 귀국하기 전에 소현세자는 아담 샬을 만나 천문, 지리 등 서양 문물과 천주교에

과학자 이야기

아담 샬

[Adam Schall von Bell, 1591~1666] 독일의 예수회 선교사, 천문학자. 중국 청대(清代)에 관직을 역임했다. 중국 이름은 탕약망(湯若望)이다. 1622년 중국에 도착했으며, 유럽에서 천문학을 배운 관계로 중국에 온 지 얼마 지나지 않아 중국인에게 서양 천문학의 우월성을 인정받았다.

대한 것을 얻어가지고 돌아왔다.

귀국한 지 두 달만에 소현세자는 이상하게 죽었으며 동생 봉림대군이 왕위를 이어 효종이 되었다. 만약 소현세자가 죽지 않고 왕이 되었다면 어쩌면 우리 역사에는 아담 샬이나 다른 선교사들의 영향이 일찍 미치게 되었을지도 모르는 일이다.

비록 아담 샬은 감옥에 갇히는 고생까지 하게 되었지만 그 후의 서양 선교사들은 중국에서 비교적 편하게 활동할 수가 있게 되었다. 한때 서양 천문학의 우수성을 부인하고 싸움을 걸던 옛 방식의 중국 천문학자들도 점차 어쩔 수 없이 서양 천문학에 기댈 수밖에 없게 된 것이다. 선교사들은 그 후 2백년 동안 중국의 천문학을 주도하게 되었다. 2백년 동안 중국의 흠천감은 서양선교사들이 맡아 움직였던 것이다.

그 사이에 서양 선교사들은 많은 서양 과학기술 책을 중국에서 만들어냈다. 대개 마테오 리치가 한 것처럼 서양 선교사가 중국어를 배워 서양 책을 번역하여 중국인에게 글을 다듬게 하여 만든 책이었다. 이렇게 번역된 서양 과학의 소개를 읽고 중국학자들은 그 우수성을 인정하면서도 한편으로는 서양의 우수한 과학이 원래는 중국에 모두 있던 것이라고 고집하는 일이 많았다.

중국은 이 세상의 중심에 있고 세계 문명의 꽃이라 믿고 있던 중국 사람들에게는 이런 생각, 즉 중화사상을 버리기 힘들었기 때문이다. 오죽하면 중국인들 가운데에는 19세기 중반까지 한 명도 서양말을 배우는 사람이 없었다. 서양 선교사가 중국어를 배워 서양 과학 기술을 번역했을 뿐 중국인이 번역한 일은 없었던 것이다.

41 _조선 실학자들의 독창적인 지구 연구

지구의 자전설을 주장한 홍대용

초등학교 교과서에 보면 홍대용에 대한 이야기가 있다. 동양 사람으로는 처음으로 분명하게 지구의 자전을 주장한 홍대용은 1766년 봄에 중국을 방문하여 두 달 동안 북경에 머문 일이 있다. 그런데 천문학에 특히 관심을 갖고 있던 그는 북경에서 흠천감을 방문했다고 교과서에는 적혀 있다.

하지만 사실은 홍대용이 찾아가 여러 가지 천문기구들을 구경하고 선교사들을 만나 본 곳은 흠천감이 아니고 서양 선교사들이 살고 있던 남천주당이었다.

홍대용이 지구가 하루 한번씩 자전하여 낮과 밤이 생긴다는 것을 주장한 것은 지금부터 200년도 더 전의 일이다. 그런데 1543년에 이미 폴란드의 코페르니쿠스는 지구의 자전은 물론이고 공전까지 주장하여 그 후 역사에 지동설의 창시자로 꼽히고 있다. 홍대용보다 또 200년도 더 전의 일인데 홍대용은 지구의 자전만 말하고 공전을 말하지 않았는데 코페르니쿠스는 공전도 주장했던 것이다. 그렇다면 홍대용은 코페르니쿠스의 지동설을 전해 듣고 지구 자전을 말하게 되었을까?

꼭 그런 것으로 보이지는 않는다. 홍대용은 꽤 독창적으로 지구의 자전설을 주장하게 되었던 것으로 보인다. 그러나 그의 자전설을 소개하기 전에 먼저 땅에 대한 서양 과학의 지식이 어떻게 우리 선조들에게 알려지기 시작했는지 살펴보자.

우리가 살고 있는 땅덩이가 얼핏 생각하기에는 평평한 것 같지만 사실은 둥그런 공 모양이란 생각은 서양에서는 이미 1천 5백년 또는 그보다 더 전에 널리 인정되어 있었다. 하지만 우리 동양 사람들은 땅이 둥글다는 것조차 별로 알고 있지 못한 형편이었다.

땅이 둥글다는 것도 서양 과학에서 배워 온 새 지식이었다. 물론 서양 사람들이라고 모두 땅이 둥글다는 지구설을 믿은 것은 아니었다. 콜럼버스가 아메리카를 발견한 것은 1492년의 일이었는데 그 때에도 많은 서양 사람들은 땅이 둥글다는 주장에 고개를 저었다. 그러나 콜럼버스가 아메리카를 찾아내고 마젤란이 세계를 일주하면서 서양 사람들은 지구가 둥글다는 데 반대할 수가 없게 되었다.

17세기 서양 선교사들이 중국과 일본에 들어왔을 때 그들이 동양 사람들에게 가르친 것은 지구

홍대용

[洪大容, 1731~1783] 조선 후기의 실학자 · 과학사상가. 북학파(北學派) 실학자의 한 사람이며, 지전설(地轉說)을 주장하는 등 조선 후기 과학사상의 발전에 선구적인 역할을 했다. 유학(儒學)보다도 군국(軍國) · 경제(經濟)에 전심하였다. 균전제(均田制) · 부병제(府兵制)를 토대로 하는 경제정책의 개혁, 과거제도를 폐지하고 공거제(貢擧制)에 의한 인재 등용 등 개혁사상을 주장했다.

설이었다. 선교사들은 지구 반대쪽의 땅과 바다를 지도에 그려 보여 주었고 서울이나 북경에서는 볼 수 없던 남반구의 하늘에 보이는 별들도 그려서 소개했다. 중국에 다녀온 학자들에게서 그런 지도를 얻어 본 우리 선조들은 두말없이 땅이 둥글다는 것을 인정했다.

'물체는 지구 중심으로 몰린다'는 주장을 한 이익

땅 모양이 둥글다면 그 위쪽에 사는 것은 이상할 것이 없지만 그 아래 사는 사람은 어떻게 되는 걸까? 300년쯤 전의 우리 조상들은 그런 걸 걱정하고 있었다. 지금으로 치면 브라질이나 아르헨티나처럼 우리와는 지구

이익

[李瀷, 1681~1763] 조선 후기의 실학자. 유형원(柳馨遠)의 학문을 계승하여 조선 후기의 실학을 대성했다. 독창성이 풍부했고, 항상 세무실용(世務實用)의 학(學)에 주력했으며, 시폐(時弊)를 개혁하기 위하여 사색과 연구를 거듭했다. 그의 실학사상은 정약용(丁若鏞)을 비롯한 후대 실학자들의 사상 형성에 커다란 영향을 끼쳤다.

의 반대쪽에 사는 사람들이 어떻게 있을까 하고 걱정하는 셈이라 할 것이다.

「구운몽」이란 소설을 쓴 소설가로 유명한 김만중(1637~1692)은 땅이 둥글다는 것을 믿지 않고 지구 반대편에 사는 사람은 모두 떨어져 죽을 것이라 걱정하는 사람들은 '우물 안의 개구리' 또는 '여름 벌레 같은 소견'이라고 꼬집었다.

그렇지만 지금 우리들이 인력의 법칙을 가지고 설명하듯이 지구 위 아래에 모두 사람이 살 수 있는 이치를 그렇게 잘 이해하지는 못한 채였다. 어떤 학자는 지구의 위 아래에 모두 사람이 살 수 있는 이치는 마치 계란의 아래에도 개미가 기어 다니는 것과 같은 것이라 말했는데 이에 대해 다른 사람은 개미는 발이 끈끈하니까 붙어 다닐 수 있는 것이 아니냐고 따졌다.

지금의 인력 이론으로 말한다면 사실 지구에는 위와 아래의 구별이 있을 수 없다. 그런데도 당시 우리 조상들은 자꾸 어디가 위이고 어느 쪽이 아래냐를 따져 아래에는 사람이 어떻게 살까 걱정했던 것을 알 수 있다.

인력 비슷한 생각을 가지고 이 문제에 분명한 해답을 준 학자는 18세기의 실학자 이익이었다. 그는 이 세상의 모든 것은 지구의 중심을 향해 몰려들게 되어 있다고 했는데 말하자면 지구 중심을 향한 인력이 있다고 말한 셈이다.

아직 인력이란 표현을 쓰지는 않았지만 이익의 생각에 따르면 지구의 어느 쪽이 위이고 어디가 아래인지의 문제가 없어진 셈이었다. 이제 둥근 지구 위의 어느 곳이나 똑같은 조건이란 것을 사람들은 인정하기 시작했다. 그렇다면 이 세상의 어느 나라가 가장 중심 되는 자리에 있는 것일까? 옛날부터 동양 사람들은 중국이 세계의 중심이라 생각했지만 이제 그것이 잘못임을 알게 되었다.

땅은 둥글며 둥근 땅 위에서는 어디가 중심이라고 할 수 없다는 생각은 당시의 우리 조상이 사대주의를 벗어 던지는 데 도움이 되었다. 이제 아무도 중국이 세계의 중심이 아님을 알게 되었기 때문이다.

18세기의 우리 선조 학자들 가운데에는 중국에 대한 존경 즉, 사대주의를 버리고 우리나라에 대한 연구를 하려는 사람들이 많아졌는데 이것은 지구설이 널리 인정되면서 그렇게 되었던 셈이다.

홍대용이 둥근 지구가 하루 한번씩 자전한다는 주장을 하게 된 것은 이런 시대의 일이었다. 중국에서 나온 선교사들의 책에는 옛날 서양에서는 자전설을 주장한 사람도 있었으나 그것은 틀리다고 쓰여 있었다.

당시 지동설은 기독교의 배척을 받고 있었기 때문에 선교사들은 이를 잘못된 이론으로 소개했던 것이다. 홍대용은 서양 선교사들이 잘못이라 소개한 자전설을 맞다고 스스로 판단했으니, 상당히 독창적인 결론을 스스로 내린 것이라 하지 않을 수 없다. 그것도 동양사람 가운데에는 처음으로….

42_200년 전에 'KS 마크' 제도의 실시를 주장한 박제가

표준화의 필요성을 주장한 박제가

요즘은 우리나라의 기술 수준도 제법 세계적인 것 같다. 물론 아직 부족한 분야도 많지만 그런 분야에서는 외국의 앞선 기술을 배워오기 위해 노력하고 있다. 17세기쯤 서양이 동양의 과학기술을 앞서기 시작하면서 동양의 한국, 중국, 일본은 서양과학기술을 배워 오기 시작했다. 서양 사람들이 찾아오는 일이 전혀 없던 우리나라의 경우에는 그것을 배우기에 좋은 조건이 아니었다. 특히 서양 선교사들은 우선 기독교를 보급하기 위해 중국이나 일본에 온 것이어서 기독교가 들어오는 것을 두려워하는 사람들은 과학 기술도 달가워하지 않았다.

이런 조건 속에서도 빨리 앞선 과학 기술을 배워야겠다고 마음먹는 학자들도 없지 않았다. 특히 18세기 이후의 실학자들 사이에 그런 주장이 많았다.

앞서 소개한 지전설(地轉說)을 처음 주장한 홍대용(1731~1783)이 서양 과학을 배워 오는 데 열심인 행동을 보였다면 박제가(1750~1805)는 서양과 중국의 기술을 배워오자고 열심히 앞장섰던 선각자였다. 박제가는 심지어 서양 기술을 배우기 위해서는 서양 선교사를 초청해 오자고까지 주장할 정도였다.

박제가

[朴齊家, 1750~1805] 조선 후기의 실학자. 조선 후기 상품화폐경제의 발전이라는 현실을 인정한 기반 위에서 상업·수공업·농업 전반의 생산력 발전을 적극적으로 추진하고 국가경제체제를 재조(再造)할 것을 주장했다. 박지원의 문하에서 실학을 연구했다. 청나라에 가서 새 학문을 배우고 귀국하여 《북학의》를 저술했다.

박제가는 그 시대의 다른 실학자들과는 달리 제대로 양반 대접을 받기 어려운 처지였다. 아버지는 양반이었지만 그는 첩이었던 어머니에게서 태어난 서자였기 때문이었다. 아마 그런 자기 처지 때문에 더욱 개혁의 뜻이 남보다 굳었을지도 모르겠다. 1778년에는 그는 「북학의」란 책을 썼는데 그가 북경에서 구경한 여러 가지를 소개하고 우리나라에 여러 가지 기술이 부족함을 지적하고 있다.

'중국에는 수레가 널리 보급되어 물자를 옮기고 교통을 편하게 하는데 우리는 그렇지 못하다. 또 벽돌이 널리 쓰여 건물을 짓는 데 튼튼하면서도 쉽게 공사를 해낼 수 있는데 우리는 그렇지 못하다.'

박제가는 이 책에서 이미 그가 중국에 가서 들은 서양의 콘크리트까지 소개하고 있다. 또 그는 우리나라에서는 모든 것이 일정한 규격을 갖지 않은 채 만들어져 불편하다는 것을 잘 지적하고 있다.

예를 들어 중국 사람들은 종이를 만들 때 몇 가지 크기로만 만들어 낭비가 없는데 우리의 종이는 8도마다 모두 길이가 들쑥날쑥하여 낭비하는 일이 많다는 것이다. 또 일본 사람들은 창문에도 크기가 정해져 있어서 창틀이 고장나면 그걸 하나 사다가 달면 되지만 우리나라는 멋대로 창을 만들어 창틀 하나가 고장나면 그 크기로 다시 만들어야 한다는 것이었다.

요즘은 모든 공업 제품이 KS(케이 에스)마크로 표시되어 표준화되어 있는데 박제가는 표준화의 필요성을 이미 200년 전에 말하고 있었던 것이다.

외국의 과학기술 도입을 주장

이런 그의 생각은 모두가 외국의 앞선 기술을 배워 오자는 데 목적이 있었다. 외국 기술을 배우기 위한 방법으로 박제가는 이런 네 가지를 내세웠다.

첫째, 우리 해안에 표류해 오는 외국인 기술자가 있으면 그들로부터 무엇이건 배우자는 것이다.

당시 서양 사람들은 중국이나 일본에는 찾아갔지만 그들의 항해 길에서 북쪽으로 좀 치우쳐 있는 한국에는 찾아오는 일이 없었다. 그러나 어쩌다 태풍을 만나 제주도나 그 밖의 우리 해안에 서양사람 또는 중국 사람들이 흘러 들어오는 일이 있었다. 그런 경우 우리 정부는 급히 그들을 구조하여 중국으로 돌려보내는 것이 보통이었다.

박제가는 그렇게 하지 말고 그런 사람들 가운데 기술자가 있을 수가 있으니 그들을 이 땅에 더 머물게 하면서 기술을 배우자는 주장이었다.

특히 이렇게 표류해 온 배는 부서진 것이어서 우리나라는 이 배를 태워 버리고 말았는데 박제가는 이 경우 배를 연구하여 서양의 배와 항해 기술 등을 배우자는 것이었다. 그는 상업의 중요성을 강조한 학자였다. 농사짓는 일만 중요하다고 생각하던 그 시절에 그는 장사의 중요함을 말하고 중국과 무역을 하자고 서둘렀다.

둘째, 그는 서양의 기술 책을 들여와 배우자고 주장했다. 17세기 이래 서양의 과학 기술에 관한 책은 제법 많이 중국에서 나오고 있었으니 그걸 모두 수입해서 연구하자는 것이다.

셋째, 박제가는 아주 적극적인 방법으로 우리의 기술자를 중국에 보내서 기술을 배워 오게 하자고 말했다. 처음으로 기술 유학생을 보내자고 주장한 것이었다.

네 번째, 그가 내세운 주장은 서양 선교사를 초청해 오자는 것이었다. 그들을 초청해서 기독교는 가르치지 못하게 막고 기술만 배우자는 그의 생각은 조금 공상적이기는 했지만 당시로서는 대단히 용기 있는 생각이었다.

과학기술을 배워야겠다는 결의는 그 뒤 정약용(1762~1836)의 생각으로 이어졌다. 집안이 온통 가톨릭이었던 그는 많은 책을 후세에 남겨 가장 유명한 실학자의 하나로 꼽히게 되는데 그 역시 서양의 과학기술을 배우자는 데 적극적이었다.

특히 정약용은 우리나라의 정부를 이렇게 만들었으면 좋겠다는 그의 생각을 「경세유포」라는 책으로 남겼는데 그 가운데에는 '이용감'이란 기관을 새로 만들자는 주장이 담겨 있다.

과학자이야기

정약용

[丁若鏞, 1762~1836] 조선 후기의 실학자 · 문신. 유형원(柳馨遠) · 이익(李瀷)의 학문과 사상을 계승하여 조선 후기 실학을 집대성했다. 실용지학(實用之學) · 이용후생(利用厚生)을 주장하면서 주자 성리학의 공리공담을 배격하고 봉건제도의 각종 폐해를 개혁하려는 진보적인 사회개혁안을 제시했다.

이용감은 서양과 중국의 앞선 과학기술을 배워다가 국내에 보급하려는 정부기관이다. 정약용에 의하면 이용감에서는 해마다 통역 2명과 과학기술자 2명을 뽑아 중국에 보내 과학기술을 배워 오게 한다는 것이다. 그들에게 필요한 돈을 충분하게 주어 쉽게 가르쳐 주지 않는 기술은 돈을 주고 사오거나 뇌물을 주고 빼어 오도록 하자고까지 그는 말하고 있다.

43_ 우리나라에 첫선 뵌 정전기(靜電氣) 발생장치

이규경의 저서 「오주연문장전산고」에 소개

지금 우리나라에는 댐을 많이 쌓아 수력 전기도 많아졌는가 하면 원자력 발전소도 여럿 지어 움직이고 있을 뿐 아니라 화력 발전소도 있으니 전기를 사용하는 데 부족함이 없다. 하지만 초저녁에만 잠깐 전기불을 구경하며 자란 나 같은 사람에게는 휘황찬란한 네온사인을 보면 아무래도 낭비 같아 보인다.

요즘 우리가 쓰고 있는 전기를 처음 이런 모양으로 이용할 수 있게 바꿔 놓은 것이 서양 사람들이었다. 플라스틱 빗 같은 것을 마찰하여 그것을 종이 조각에 가까이 하면 종이 조각을 끄는 힘을 나타낸다는 사실은 우리 모두 잘 아는 정전기 현상이다.

이런 현상은 아주 옛날부터 동양에서나 서양에서나 알려져 있었다. 이렇게 마찰로 만든 정전기를 모을 수 있다는 것을 보여준 사람은 독일의 오토 폰 게리케(1602~1686)였다.

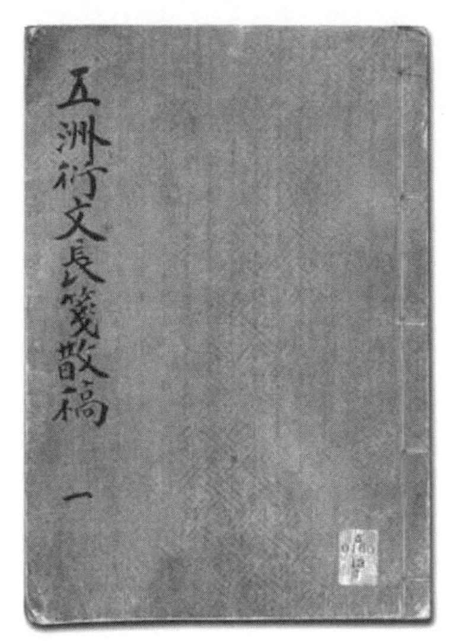

오주연문장전산고

그는 유황 덩어리를 마찰시켜 정전기를 만들어 내는 장치를 고안했고 이렇게 전기를 만들 수 있게 되자 여러 가지 실험이 실시되었다. 또 곧 이어 서양에서는 라이덴 병이란 것이 나와 전기를 저장할 수도 있게 되었다.

그런데 1660년대에 처음 서양에서 나온 정전기 발생장치가 우리나라에도 1820년쯤 있었던 것이 확인되었다. 19세기의 실학자 이규경의 글 속에서 그것을 알 수 있다.

1788년에 태어난 이규경은 「오주연문장전산고」라는 긴 제목의 책을 남겼는데 바로 이 책 속에 정전기 발생장치 이야기가 나온다.

그에 의하면 당시 강이중이란 사람 집에는 뇌법기란 것이 있었는데 이것은 둥근 유리로 되어 있어서 이걸 빙빙 돌리면 거기서 별이 쏟아지듯 한다고 소개했다. 전기 스파크를 말한 것이 분명하다.

그는 이 장치를 서양 사람들은 병을 고치는 데도 쓰고 있다고 말하고 수십 명이 손을 잡고 이것을 건드리면 소변을 참는 듯한 느낌을 갖게 된다고도 썼다.

이규경은 어디서 이런 사실을 알게 되었을까? 정전기 발생 장치가 유럽에 퍼지자 프랑스의 임금은 시위병들을 서로 손잡게 한 다음 이 장치를 만져 깜짝 놀라게 하며 즐거워했다고 한다.

그때 그 시위병들이 느낀 것이 바로 소변을 참는 듯한 감각이었다고 전해진다. 서양 사람들의 이런 경험을 이규경은 어딘가에서 읽고 자기

책에 기록해 남긴 것으로 보인다.

더욱 놀라운 것은 어떻게 1820년대에 벌써 이 땅에 정전기 발생장치가 있었느냐 하는 것이다.

강이중의 집에 있었다는 이 장치는 우리 선조 누군가가 만들었거나 아니면 외국에서 들여 온 것이 분명한데 어느 쪽인지 알 수가 없다. 서양 것을 직접 들여 온 것은 아닐 것 같다. 그 때에는 아직 서양 사람들이 이 땅에 발을 붙일 수 없었기 때문이다.

아마 이 뇌법기라는 정전기 발생장치는 일본 사람들의 것을 수입한 것이었으리라 생각할 수 있다. 일본의 어느 과학자는 그보다 40년 전에 이 장치를 만든 일이 있다는 것이 확실하기 때문이다.

알려져 있지는 않지만 아마 1820년쯤에도 우리나라는 부산의 초량에 있는 왜관을 통해 일본과 제법 교류를 하고 있었으니 여기를 통해 수입되었을 것으로 보인다.

「오주연문장전산고」라는 책은 그야말로 백과사전같이 별의별 것들이 다 들어 있는 책인데 10권이 넘을 정도이다.

그런데 그 속에는 서양 과학기술에 관한 내용이 아주 많다. 하나하나 소개할 수는 없지만 당시 나라의 문은 잔뜩 닫혀 있었는데 어떻게 그런 것들을 알았을까 신기할 지경이다.

서양 과학을 소개한 최한기

거의 같은 시기에 서양 과학을 이 땅에 소개하는 데 힘쓴 학자로는 최한기(1803~1877)를 꼽을 수 있다. 이규경보다 16년 뒤에 태어난 최한기는 여러 권의 책을 후세에 남겼는데 그것들을 모아 지금은 「명남루총서」라는 총서로 출판해 놓고 있다.

그는 천문학, 지리, 물리, 화학 그리고 의학에 관한 책들을 썼는데 그것들 전부가 서양 책을 보고 그것을 참고하고 자기 생각을 덧붙여 쓴 것이다.

지구가 자전하여 하루가 생기고 공전하여 1년이 생긴다는 것을 그림까지 그려 설명한 것은 최한기가 처음이다.

그는 1857년에 쓴 「지구전요」라는 책에서 지동설을 주장한 코페르니쿠스의 이름까지 소개하며 지구의 자전과 공전을 설명한 것이다. 최한기는 볼록 렌즈와 오목 렌즈의 이치도 소개했고 빛의 굴절에 대한 것도 설명했다.

특히 대야에 동전을 놓고 보이지 않을 때까지 물러 선 다음 대야에 물을 붓도록 하면 그 동전이 떠올라 보이는 것은 잘 아는 일이다. 빛이 물에서 공기로 나올 때 굴절하기 때문이다. 이 동전의 굴절에 대해서는 이미 그보다 앞서서 정약용도 기록하고 있다.

그의 글에는 온도계와 습도계도 나오는데 지금과 달리 온도계를 '냉열기'라 부르고 습도계는 '음청의'라 했다.

이런 표기부터가 당시의 중국에 소개된 말을 그대로 들여왔기 때문에 생긴 것인데 최한기가 중국에서 나온 서양 과학책을 어떻게 그렇게 많이 읽을 수 있었는지 놀랍기만 하다.

최한기는 '대동여지도'로 유명한 김정호의 친구였다. 그들은 함께 세계지도를 만들기도 한 것으로 전해진다.

이미 서양 사람들이 밀려와 과학 기술을 전해 주고 있던 중국과 일본에는 비할 수 없었지만 이규경이나 최한기는 150년 전의 이 땅에 서양 과학을 소개하려 힘쓴 과학의 선구자였음을 알 수 있다.

친절한 과학사

초판 1쇄 발행 2006년 10월 4일
개정판 1쇄 발행 2015년 10월 30일

지은이 박성래
펴낸이 한승수
펴낸곳 문예춘추사

마케팅 안치환
편　집 조예원
본문 그림 김 홍
디자인 김선영

등록번호 제300-1994-16
등록일자 1994년 1월 24일

주　소 서울특별시 마포구 연남동 565-15 지남빌딩 309호
전　화 02 338 0084
팩　스 02 338 0087
E-mail moonchusa@naver.com

ISBN 978-89-7604-281-1 03400

*책값은 뒤표지에 있습니다.
*잘못된 책은 구입처에서 교환해 드립니다.